좋은 엄마 되기 연습

불안을 행복으로 바꾸는 20가지 깨달음

좋은 엄마 되기 연습

이임숙
지음

무한

prologue

아! 지금 아는 걸 그때 알았더라면

어릴 적 아이는 뭐가 그리 알고 싶은 게 많았던지 눈에 보이는 대로, 손에 닿는 대로 만져보고 확인했다. 그때 아이의 두 눈은 초롱초롱 반짝이며 세상의 무엇이든 배우겠노라 다짐하는 것 같다. 무엇을 해도 지루해하지 않았다. 힘든 것도 잘 참으며 더 열심히 하려고 했었다. 타고난 기질에 맞는 뭔가를 만나거나, 새로운 흥미를 자극하는 뭔가를 발견하면 아이는 늘 그랬었다. 그런 눈빛으로 살짝 미소를 보여줄 때면 엄마는 짜릿한 행복을 맛보았다.

그런데 엄마가 다 멈추게 했다. 아이 마음속 씨앗이 움터서 싹이 나려는데 엄마의 욕심이 그림자가 되어 햇볕을 가로 막았다. 아이가 필요할 때 물을 주어 잘 자라게 하는 게 아니라 엄마가 주고 싶을 때만 주었다. 목마르다 투정하면 참게 하고, 마시기 싫다 투정하면 억지로 마시게 했다.

아이의 눈빛에서 그 초롱초롱함은 점점 사라져갔다. 아이는 커가면서 어른들처럼 걱정과 근심이 늘어갔다. 자라면서 어쩔 수 없는 거라 치부하며 위안받고 싶지만 사실은 그게 아니었다. 아이를 억지로 끌어당겨 엄마의 기준에 맞는 아이로 키우려 했기 때문이었다. 엄마가 그러면 안 되는 것이었다.

흥미로운 것도 신기한 것도 잃어버리고, 꿈을 꾸는 게 아니라 취업을 걱정하며 사는 어린 아이들을 종종 만난다. 이래서야 아이는 잘 자랄 수가 없다. 그런데 나를 포함한 대부분의 엄마들은 이 중요한 진리를 아이가 다 자라고 나서야 깨닫는다.

나는 절대 아이를 그렇게 키우고 싶지 않았다. 그런데 나는 왜 그랬을까? 왜 여유로운 마음으로 아이를 키우지 못했을까? 왜 그렇게 조바심 내며 안절부절못하며 아이를 키웠을까? 무엇이 그리 불안해서 웃는 순간에도 '이렇게 웃고 있어도 되나?' 하는 생각에 밀려 아이의 웃음을 멈추게 했을까? 남들이 하는 대로 혼내고 지적하고 다그치는 게 엄마 역할이라고밖에 생각하지 못했을까? 왜 그게 최선이고 그렇게 해야만 한다고 생각했을까? 아이가 크고 나면 좋았던 기억보다 미안하고 가슴 아픈 기억이 더 많이 난다. 제발 그 시간으로 돌아갈 수 있으면 좋겠다. 엄마가 준 상처로 눈물 글썽이는 어린 아이를 꼭 안아주고 싶다. 네 마음을 몰라서, 이제야 알게 되어 정말 미안하다고 말해주고 싶다.

엄마가 되기 전에 알아야 할 것들을 제대로 몰랐었다는 것이 아이에게 이렇게 미안할 줄 몰랐다. 나 자신의 미안함에 엄마로 살아갈 사람들, 지금 엄마인 사람들에게 꼭 하고 싶은 말이 생긴다. 제발 아이와 함께 더 많이 놀고, 더 많이 웃고, 더 많이 안아주고, 더 많이 사랑하기를 바란다. 아이가 빛나는 두 눈으로 세상을 찾고 새로운 길을 만들도록 응원해주기 바란다.

다시 아이가 어린 시절로 돌아간다면 나는 하루 종일 아이의 눈을 맞추고 아이와 함께 호흡하고 아이의 몸을 어루만지며 시간을 보내고 싶다. 이야기도 들려주고 밑천이 떨어지면 책도 읽어주련다. 작은 화분이나 미니 텃밭을 만들어 방울토마토가 커가는 모습을 아이와 함께 지켜보고 싶다. 빨갛게 익은 토마토를 상상하는 즐거움을 만끽하고 싶다. 아이가 표정으로 말하는 많은 말들을 다 이해하고, 아이가 바라보는 것을 함께 바라보고 싶다. 아이의 마음을 묻고 또 물어보며 아이가 만들어 가는 길을 뒤에서 지켜주며 걸어가고 싶다. 그래야 아이가 더 잘 자란다는 것을 그때는 몰랐었다.

아이야, 미안해.

너와 더 많이 놀지 못해서 미안해.

네가 더 많이 웃게 해주지 못해서 미안해.

손가락 걸며 했던 많은 약속들을 지키지 않아서 미안해.

행복하게 너를 키울 수 있다는 걸 알지 못해서 미안해.

네가 잘 크고 싶었다는 걸 몰라서 미안해.

네가 잘하고 싶은 아이라는 걸 몰라서 미안해.

네 속에 그토록 많은 씨앗이 있다는 걸 몰라서 미안해.

너를 온전히 믿지 못해서 미안해.

엄마의 가치관을 강요해서 미안해.

네가 느낄 수 있는 사랑을 주지 못해서 미안해.

이렇게 미안하게 키웠음에도 엄마를 사랑해주고 걱정하고 챙겨주는 아이들에게 진심으로 고마운 마음을 전한다.

—이임숙

contents

첫 번째 깨달음

엄마로 사는 게
어떤 건지
알았더라면

사람 A와 함께 사는 여자

한 여자가 있다. 그녀는 사람 A와 함께 산다. 사람 A는 화나면 그녀의 급소를 때린다. 심기가 불편해지면 그녀의 머리카락을 잡아당기고, 날카롭게 손톱을 세워 그녀를 꼬집고, 그것도 안 되면 이빨로 깨문다. 이건 정말 말도 안 되는 일이지만 심지어 그녀에게 오물을 뿌리기도 한다. 왜 그녀는 이 사람을 경찰에 신고하지도 못하고 고스란히 폭력과 무시와 억압과 모멸을 당하고 있는가. 도대체 사람 A는 누구길래 그녀에게 이런 짓을 하는가.

사람 A는 그녀가 열받아서 이성을 잃게 하며 동물처럼 소리 지르고 발악하게 만든다. 식은 밥도 허겁지겁 먹게 만들고, 얼룩 묻은 옷도 아무렇지도 않게 입고 돌아다니게 만든다. 머리를 빗을 틈도 주지 않아 하루 종일 산발하고서도 창피함을 느낄 겨를도 없다. 화장할 엄두는 더더욱 낼 수도 없다. 그가 어지르고 망쳐놓은 온갖 잡동사니들은 그녀를 더욱 미치게 만든다. 어쩌다 모르고 밟으면 엄청난 아픔을 견뎌야 하고, 걸려 넘어지기라도 하는 날은 멍들고 몇 날 며칠 근육통에 시달리지만 그래도 허리 다치지 않은 게 감사하다고 생각하게 만든다. 사람 A는 그녀의 집과 그녀의 공간을 모두 차지하고 그녀를 노예 부리듯 부린다. 그런데도 왜 그녀는 사람 A를 그냥 집에 머무르게 놓아두는가.

이렇게 말도 안 되는 사람 A는 180도 다른 얼굴도 가지고 있다. 그가 살짝 미소 지으면 그녀는 그 미소에 녹아버려 고통도 잊어버리고 힘겨움도 망각한다.

그가 조용히 잠들기라도 하면 그를 만지고 싶고 가까이 있고 싶어 한다. 잠든 그의 귓가에 세상에서 가장 감미로운 이야기를 들려주고 싶다. 더 이상 아름답고 행복한 말을 알지 못하는 게 너무 억울할 정도로 잠든 그의 모습은 귀하고 아름답다. 그 순간 이대로 세상의 시간이 멈추었으면 하고 바랄 정도로 달콤하고 그녀를 행복하게 만든다. 그러니 그가 그녀에게 행하는 모든 억지와 악행을 감수하면서도 그저 그가 건강하고 행복하기만을 바란다. 이렇게 말도 안 되는 인간관계가 또 있을까?

누군가 그녀에게 묻는다. 왜 그러고 사냐고. 왜 그런 말도 안 되는 일을 당하고 사느냐고. 당장 때려치우라고 말한다. 하지만 그녀는 그럴 수가 없다. 이유는 간단하다. 그가 그녀를 부르는 이름 하나 때문이다. 사람 A는 그녀를 '엄마'라고 부른다.

안타깝게도 이 세상의 모든 엄마는 자신의 집에 사람 A를 한 명 이상 두고 산다. 어떻게 이런 인물을 하나도 아니고 둘 이상을 두고 살 수 있는지 정말 신기하다. 사람 A가 사람 같은 사람이 될 때까지 최소한 20년은 견뎌야 한다. 혹시 운이 나쁘면 그들 간의 터울이 있어 30년을 이러고 살아야 할지도 모른다. 그런데도 '엄마'는 그렇게 산다. 불가사의한 일이다.

포수와 엄마

엄마에 대해 세상은 왜 지나치게 아름답게 숭고하게 미화시켜 놓았을까? '신이 모든 곳에 있을 수 없어 어머니를 만들었다'는 《탈무드》의 말은 그야말로 엄마라는 역할에 대해 더 이상 다른 군더더기를 생각할 수 없게 만든다. 신의 역할을 엄마가 대신하라는 말이다. 당신은 신을 대신하는 엄마 역할을 할 수 있겠는가? 휴, 난 못한다. 절대 못한다.

나에게도 그런 엄마가 있었으면 좋겠다. 나의 어머니를 존경하고 사랑하지만 신의 역할을 대신하셨다는 생각은 안 든다. 혼내고 잔소리하고 나를 주눅 들게 한 역사도 장난이 아니다. 그것도 신의 대행 역할 중 일부라 하면 할 말은 없다. 하지만 어쨌든 우리 엄마도 신의 역할을 대신했다고는 생각되지 않을 뿐 아니라, 나 또한 그런 엄마가 되지는 못했다. 내 주변에도 그런 엄마로 살아온 사람은 거의 발견하지 못했다.

그런데도 왜 세상은 계속 이런 말을 회자하며 우리 엄마들에게 부담을 주고 압박하고 있을까? 아마 누구나 엄마가 있고 그 자식이기에 좋은 자식이 되지 못했음을 반성하는 말은 아닐까? 병 주고 약 주는 격으로 잘못을 많이 한 자식이 엄마의 역할을 숭고하고 아름답게 포장해서 대충 덮어버리려 하는 건 아닐까? 세상의 모든 자식들은 좀 크고 나면 엄마에게 이렇게 반성한다.

"엄마한테 늘 제멋대로 굴어서 미안해요. 말도 함부로 막하고, 안 그래야 하는 줄 알면서도 나도 모르게 그만. 정말 미안해요."

이상적으로는 신의 역할을 요구받지만, 현실에선 가장 밑바닥에서 온갖 뒤치다꺼리를 하는 게 엄마다. 가족을 위해 의식주만 해결하는 게 아니다. 어질러진 집안을 치우는 일뿐만 아니라 온갖 짜증과 투정도 감수하는 역할이다. 그러다 가족 중 누군가 폭발하면 그 분노를 온몸과 마음으로 받아내는 포수 역할도 엄마 몫이다.

포수 말이 나왔으니 좀 더 생각해보자. 야구장의 포수를 볼 때마다 별로 빛나지도 않는 그 역할을, 얼굴도 보이지 않는 그 역할을 불편한 자세로 웅크리고 앉아 해내는 걸 보면서 '저 사람은 무슨 재미로 야구를 할까?' 하는 생각을 하게 된다.

그리고 그 역할이 꼭 엄마와 비슷하다는 생각도 해본다. 투수가 멋지게 공을 던지고, 타자가 배트를 휘두르며 운동장을 신나게 달릴 때도 포수는 제자리에서 공을 받을 준비만 하고 있어야 한다. 투수의 공을 놓쳐 공에 맞을 때도 있고 타자가 잘못 휘두른 배트에 맞을 수도 있다. 그런 고통보다 더 중요한 건 공을 제대로 받는 일이다. 어쩌다 공을 잘못 받기라도 하면 그 비난도 감수해야 한다. 그래서 포수의 자리는 힘겨운 자리이다. 꼭 엄마 같은 역할이다. 미국 메이저리그의 유명한 포수는 자신의 역할에 대해 이렇게 말한다.

"포수는 못처럼 날카롭고 정신적으로도 강해야 한다. 또 경기의 모든 부면을 잘 다룰 수 있어야 하며, 누구보다도 강한 호기심을 지녀야 한다. 팀의 모든 선수들과도 좋은 관계를 유지해야 한다."

이 말에 엄마를 대입해서 말해보자.

"엄마는 정확하고 민감해야 하며 정신적으로 강해야 한다. 가족에 관한 모든 사항들 즉, 경제, 교육, 건강, 정서들을 잘 다룰 수 있어야 하며, 누구보다 강한 호기심과 의욕이 있어야 한다. 그중에서도 가장 중요한 것은 가족 모두와의 좋은 관계를 유지해야 한다."

딱 맞다. 포수 역할이 꼭 엄마 역할이다. 포수의 역할이 어떤 의미인지 좀 더 살펴보자. 야구 평론가들은 포수가 그 중요성에 비해 종종 과소평가받거나, 과도한 비난의 대상이 되는 포지션이라고 말한다. 또한 대부분의 사람들은 포수가 받는 엄청난 정신적, 육체적 스트레스를 간과하는 경우가 많다고 말한다. 이 또한 엄마 역할과 이리 비슷할 수가 없다.

엄마 역할은 그 중요성에 비해 종종 과소평가 받는다. '집에서 당신이 하는 일이 뭐야!'라든가 '남들 다하는 엄마 노릇이 뭐 그리 대단해?'라고 따지는 인간이 아직도 많은 걸 보면 정말 그렇다. 또한 사람들은 엄마가 받는 엄청난 정신적 육체적 스트레스를 간과하고 있다. 이건 시부모, 남편, 아이들만 그렇게 생각하는 것이 아니다. 정작 엄마 자신도 이 엄청난 정신적 육체적 스트레스를 간과하고 산다. 무의식 속에 꾹꾹 눌러서 압축시켜 놓은 스트레스가 어느 날 갑자기 더 이상 견디지 못하고 불쑥 터져 나온다. 터져 나온 스트레스가 우울과 분노로 변신하여 엄마를 휘청거리게 한다. 엄마는 이 모든 걸 내려놓고 도망가고 싶은 마음이 들 땐 어쩔 줄을 모른다.

좋은 포수의 조건이 있다. 포수의 능력은 보이는 부분보다는 오히려 보이지 않는 영역에서 판가름이 난다고 한다. 일본 최고의 포수인 후루타 아쓰야는 좋은 포수의 조건으로 '투수와 소통할 수 있는 능력'을 첫째로 꼽았고, 우리나라 김태형 코치는 포수의 '성품'을 거론한다.

"포수가 자기 성질대로 하면 분명히 그 팀은 엉망진창이 된다."

결국 좋은 포수는 아무리 화가 나고 힘들어도 꾹 참고 평정심을 유지해야 한다. 팀이 지고 있어도 투수들을 잘 다독이면서 그들에게 용기와 자신감을 줄 수 있어야 한다. 무엇보다 투수들이 힘들 때 기댈 수 있고 신뢰감을 주는 든든한 존재여야 한다. 던지고 받는 능력이 가장 중요한 것 같은데 그건 그 다음 능력이라고 말한다. 아무리 강한 어깨로 공을 잘 받고 던질 수 있다 해도 사실 투수들과의 관계가 나쁘면 소용없다. 잘 던져주고 싶지도 않을 테고 잘 받고 싶지도 않을 테니 말이다. 당신은 야구를 한다면 기꺼이 포수 역할을 맡겠는가? 잘 알아주지도 않고 빛나지도 않는 그 역할을 하고 싶은가?

이제 다시 엄마에 대해 생각해보자. 엄마가 자기 성질대로 하면 그 가족은 엉망진창이 된다. 결국 좋은 엄마는 아무리 화가 나고 힘들어도, 우리 아이가 꼴찌를 해도 꾹 참고 평정심을 유지해야 한다. 아이를 잘 다독이면서 용기와 자신감을 줄 수 있어야 한다. 무엇보다 가족들이 힘들 때 기댈 수 있고 신뢰감을 주는 든든한 존재여야 한다. 이런 역할을 기꺼이 맡아서 정성껏 수행할 수 있겠는가?

초등학생인 초보 포수가 걱정하는 건 또 따로 있다. 타자가 배트를 휘두르면 자기도 모르게 자꾸 눈을 감아서 공을 놓치게 된다는 고민이다. 이렇게 고민하는 초보 포수에게 중학생 선배 포수가 코치를 해준다.

"눈을 감는 건 말이야 자신도 모르게 공이나 배트 스윙을 겁먹기 때문이야. 나도 야구를 초등학교 5학년 때 시작했는데 그때는 공이 무서워서 자꾸 눈을 감았거든. 그래서 마음을 다잡고 그냥 눈에 힘주고 과감하게 공을 잡으니까 공이 잡히더라구. 그러니까 확실하게 눈을 뜨고, 내가 투수를 위해 희생하겠다는 정신으로 과감하게 공을 받아야 돼. 그게 포수야."

중학생 아이가 깨달은 포수 이야기를 들으며 엄마에 대해 다시 고민해 보게 된다. 초보 엄마가 되면 겁나는 일이 너무 많다. 아기를 가졌을 때의 임신 우울증, 산후 우울증 이 모두 이런 두려움의 결과일 것이다. 그래도 마음을 다잡고 눈에 힘주고 입을 꽉 깨물며 과감하게 한걸음씩 걸어나가서 진짜 엄마가 되어 간다. 그러니까 내가 우리 아이와 가족을 위해 나의 두려움쯤은 거뜬히 해치우겠다는 정신으로 과감하게 자신을 향해 다가오는 온갖 공을 받아내야 한다. 그게 엄마다.

엄마로 사는 게 어떤 건지 알았더라면 나는 엄마가 되었을까? 엄마가 이런 거라는 걸 몰랐다고는 말 못하겠다. 딸치고 엄마의 삶을 바라보며 엄마처럼 살지 않겠다고 말하지 않은 사람이 몇 명이나 되겠는가? 엄마와 다르게 멋진 엄마로 살 수 있을 거라 막연히 기대하기 때문이다. 그래서 세상이 말하는 것처럼 거룩하고 숭고하고 아름다운 엄마를 상상하며 엄마가 된다. 그럼에도 불구하고 결국엔 포수의 역할을 하지 않는 엄마가 되는 방법이 별로 없다는 걸 미리 안다면 당신은 엄마가 되기를 선택할까?

내가 엄마가 되기 전에는

내가 엄마가 되기 전에는
언제나 식기 전에 밥을 먹었다.
얼룩 묻은 옷을 입은 적도 없었고
전화로 조용히 대화를 나눌 시간이 있었다.
원하는 만큼 잠을 잘 수 있었고
날마다 머리를 빗고 화장을 할 수 있었다.

내가 엄마가 되기 전에는
마음을 잘 다스릴 수 있었다. 내 생각과 몸까지도.
울부짖는 아이를 두 팔로 눌러
의사가 진찰을 하거나 주사를 놓게 한 적이 없었다.

눈물 어린 눈을 보면서 함께 운 적이 없었다.

단순한 웃음에도 그토록 기뻐한 적이 없었다.

잠든 아이를 보며 새벽까지 깨어 있었던 적이 없었다.

아이가 깰까봐 언제까지나

두 팔에 안고 있었던 적이 없었다.

아이가 아플 때 대신 아파 줄 수가 없어서 가슴이 찢어진 적이 없었다.

그토록 작은 존재가 그토록 많이

내 삶에 영향을 미칠 줄 생각조차 하지 않았었다.

내가 누군가를 그토록 사랑하게 될 줄 결코 알지 못했었다.

내 자신이 엄마가 되는 것을

그토록 행복하게 여길 줄 미처 알지 못했었다.

내 몸 밖에 또 다른 나의 심장을 갖는 것이 어떤 기분일지 몰랐었다.

아이에게 젖을 먹이는 것이 얼마나 특별한 감정인지 몰랐었다.

한 아이의 엄마가 되는 그 기쁨, 그 가슴 아픔, 그 경이로움,

그 성취감을 결코 알지 못했었다. 그토록 많은 감정들을.

내가 엄마가 되기 전에는.

-《사랑하라. 한 번도 상처받지 않은 것처럼》 중에서

류시화의 언어로 번역된 이 시는 작자 미상의 영미권의 시이다. 엄마 역할은 세상의 어디나 마찬가지인가보다. 이 글을 쓴 그녀의 마음이 엄마인 내 마음과 이리 똑같을 수가 없다.

여자로 다시 태어난다면 나는 다시 엄마가 되고 싶은가? 나는 다시 엄마가 되고 싶다. 한 아이의 엄마가 되는 기쁨, 내 몸속에서 생명이 꿈틀거리는 감동, 아이가 젖을 빨 때의 뿌듯함. 아이 미소에 느껴지는 최상의 행복감, 그리고 아이의 눈물과 아픔으로 인한 가슴 아픔, 그토록 많은 감정과 생각과 깨달음을 엄마가 되지 못했다면 알지 못했을 것이다. 그래서 난 다시 엄마가 되고 싶다. 단, 조건이 있다. 지금 깨닫고 있는 걸 고스란히 가진 채.

엄마의 탄생

우리 아기에게

나의 아기, 사랑하는 우리 아기, 정말 좋은 엄마가 되어 줄게. 너에게 내가 줄 수 있는 무한한 사랑을 줄 거야. 절대 네가 다치거나 우는 일은 없게 할 거야. 최고로 맛있는 걸 주고 원하는 건 뭐든 다 이룰 수 있게 해줄 거야. 우리 아기를 최고의 아이로 키울 거야. 사랑한다. 우리 아기!

아기가 탄생한 날 엄마는 이렇게 다짐한다. 부디 꼭 이런 엄마가 되기를 바란다. 하지만 키워보면 알겠지만 이런 다짐은 아기가 밤잠 안 자고 빽빽 울어대는 경험을 딱 3일만 당하고 나면 서서히 희미해지기 시작한다.

이유는 간단하다. 아기가 탄생한 날, 엄마도 처음 태어났음을 깨닫지 못했기 때문이다. 아기가 태어난 바로 그날, 엄마도 탄생했다. 이제 갓 태어난 아기가 한 살이면 엄마도 한 살이다. 엄마 젖을 빠는 아기와 똑같이 엄마도 엄마의 양식을 먹어야 하고 걸음마를 배워야 하고 말도 배워야 한다. 이렇게 중요한 걸 모르고 마치 엄마는 되는 그 순간부터 전지전능하게 아기를 보살필 수 있을 거라 착각한다.

'나는 어른이니 어린 너를 완벽하게 보호해 줄 거야!'

아이를 다 키우고 생각해 보니 진짜 웃기는 말이다. 엄마로 처음 태어나서 아무것도 할 줄 모르면서 마치 전부 다 할 줄 안다고 우기는 모양새가 아기와 다를 게 없다. 운이 나쁘게도 아기는 태어나면 보살펴 줄 엄마가 있지만, 이제 처음 탄생한 엄마를 보살펴 줄 이는 없다. 엄마는 스스로 양식을 찾아 먹어야 하고, 걸음마도 혼자 떼어야 한다. 엄마의 말도 스스로 배워야 한다. 엄마의 양식은 뭘까? 엄마의 걸음마는 어떤 모습이지? 엄마가 배워야 하는 말은 뭐지? 아직 엄마가 무엇으로 성장해야 하는지 제대로 알려주는 정보는 찾기 힘들다.

엄마도 아이도 행복하게 성장하기 위해 엄마가 되기 전에 알아야 할 것들이 있다. 그중 가장 첫 번째가 엄마가 새로 탄생했음을 깨닫는 일이다. 엄마가 되기 전에 알았으면 좋았을 것들이 무엇이 있는지 차근차근 생각해보자.

두 번째 깨달음

내가 어떤 엄마가
되고 싶은지
미리 알았더라면

어떤 엄마가 될래?

"네 꿈은 뭐야? 나중에 어떤 사람이 되고 싶어?"

어른들이 아이에게 자주 묻는 말이다. 이 말을 그대로 가져와 엄마가 된 나 자신에게도 물어보자.

"어떤 엄마가 될래?"

"나중에 어떤 엄마로 기억되고 싶어?"

아주 어릴 적부터 여자 아이는 인형놀이와 소꿉놀이를 하면서 엄마 역할을 한다. 여자 아이의 엄마 놀이를 가만히 보면 자신이 경험한 엄마의 모습이 그대로 반복된다. 엄마 등에 자주 업혀 엄마 냄새를 많이 맡고 자란 아이는 인형을 업고 엄마 놀이를 한다. 업고서 온 집안을 돌아다니며 자장가도 불러주고 이야기도 들려준다. 우유를 먹이는 시늉도 하고, 밥을 먹이는 시늉, 기저귀를 갈아주는 시늉까지도 한다.

반대로 자주 엄마에게 잔소리를 듣거나 혼이 난 아이는 인형을 맴매하며 다시는 그러지 말라고 훈계하고 가르친다. 섣부른 짐작이지만 여자아이의 놀이에서 벌써 자신이 어떤 엄마로 살지 그림이 그려지기 시작하고 있다. 이런 걸 보면 여자라면 분명히 자신이 어떤 엄마가 될지 의식적이든 무의식적이든 생각하고 있다는 말이 된다. 분명, 커가는 중간 중간 자신이 어떤 엄마가 될지 생각해왔다.

어떤 엄마가 되고 싶은지 엄마들에게 물었다. 대부분의 엄마들이 대답하는 엄마는 '친구 같은 엄마, 다정하게 품어주는 엄마, 따뜻하고 행복한 엄마, 아이 공부도 잘 가르치는 똑똑한 엄마, 어떤 문제든 잘 해결해주는 능력 있는 엄마, 경제적 능력도 있는 엄마'였다. 간혹 자신이 어떤 엄마가 되고 싶은지 구체적으로 생각해본 적이 없다는 엄마도 적잖이 있다. 하지만 생각을 해보지 않았다 해도 곰곰이 생각해 보면 분명 '좋은 엄마'가 되고 싶지 않았던 사람은 없다.

이 중에서도 특히 '친구 같은 엄마'가 되고 싶다는 사람이 정말 많다. 사실 엄마들의 마음은 모두 비슷해서 굳이 이런 엄마 저런 엄마 구분하지 않아도 모두를 다 포함하고 있다. 이 중 한 가지만 잘하고 싶은 게 아니라 이 모두를 다 잘하는 엄마가 되고 싶다. 슈퍼맘을 사회에서 요구하는 게 아니라 엄마 스스로가 슈퍼맘이 되고 싶어 하는 것이다. 현실적으로 불가능한 슈퍼맘을 꿈꾸며, 오늘 하루 헌신적으로 희생하고 마음을 졸이고 아이를 혼낸 것에 죄책감을 느끼며 하루를 보내고 있다.

이리 말하다 보니 엄마의 하루살이가 참 불쌍하고 측은하다. 그런데 아무리 불쌍하다 해도 솔직히 엄마가 바라던 그 무엇인가가 이루어지기만 한다면 엄마는 그쯤은 아무렇지도 않게 넘길 수 있다. 엄마라면 누구나 자신이 되고 싶은 엄마가 되기 위해 당연히 애쓰며 살고 있을 것이다. 그런데 '되고 싶은 엄마'와 '자신이 하는 엄마 역할'이 잘 일치되고 있을까? 친구 같은 엄마가 되고 싶었던 자신이 과연 그런 엄마로 살고 있는지 점검해 볼 필요가 있겠다. 다음 상황을 보자.

학교에 다녀온 아이가 간식을 먹고 쉬고 있다. 이제 당연히 숙제나 공부를 할 차례이다. 빨리 끝내고 학원도 가야 한다. 그런데 아이는 계속 뭉그적거리며 TV 앞을 서성거리거나 장난감을 만지고 있다. 엄마가 나설 순간이 되었다.
"빨리 숙제하고 학원 가야지!"
"몇 번 얘기해야 들을 거야?"
"뭐하는 거야! 언제할 건지 엄마한테 말해. 몇 시에 할 거야?"
"야! 약속했잖아. 왜 약속 안 지켜."
"휴, 그래 네 인생이지. 내 인생이냐."
"너, 그럼 밥 안 준다."

Q 위 본문 중에서 '친구 같은 엄마'에 해당하는 문장을 골라 써 넣으시오.
A (   )

정답을 찾았는가? 본문의 엄마는 자신이 되고 싶었던 '친구 같은 엄마' 모습을 실행하고 있는가? 이 문제의 정답을 찾기는 어렵다. 우리는 친구가 숙제를 안 하고 있다고 해서 처음부터 미간에 주름 잡고 말하지 않는다. 같은 편이 되어 걱정하는 마음으로 말한다. 윽박지르지도 않고 비아냥거리지도 않으며 협박은 더더욱 하지 않는다.

결국 글 속의 엄마는 '친구 같은 엄마'의 모습이 아니라는 말이다. 자신이 되고 싶은 엄마는 분명히 있었는데 자신이 선택하는 행동은 거기에 맞지 않다. 아이를 훈계하다 열받아서 혼내고, 안 되면 비아냥거리고 그러다 협박하는 엄마로 살고 있다. 자신이 되고 싶었던 '친구 같은 엄마'는 어디론가 사라져 버렸다. 왜 이런 현상이 나타날까? 목표는 확실한데 그 목표를 달성하기 위해 필요한 가치관을 확립하지 못하고 있거나, 아니면 썩 효과적이지 못한 방법을 최선의 방법으로 알고 있기 때문은 아닐까?

그것도 아니라면 자신이 되고 싶었던 '친구 같은 엄마'에는 '아이가 잘할 때만'이라는 전제 조건이 있었다는 말이 된다. 아이가 잘못할 때는 '무서운 엄마, 혼내는 엄마'가 되기로 마음먹고 있었다는 말이다. 그런데도 자신은 친구 같은 엄마가 되고 싶다는 말만 로봇처럼 되뇌고 있는 건 아닌지 반성이 된다.

아이가 숙제를 하지 않을 때 '친구 같은 엄마'라면 어떻게 할까? 답이 잘 떠오르지 않는다면 친한 친구가 숙제를 안 하고 있으면 뭐라고 말할지 생각해 보면 아주 쉽다. "야! 숙제해!"가 아니라 "야, 숙제 빨리 하자. 내가 도와줄게" 이렇게 말한다. "숙제가 너무 많아? 어려워? 힘들어?"라고 물으며 그 마음을 알아주려 애쓸 것이다.

친구 같은 엄마가 되고 싶었다면 최소한 아이가 잘할 때만이 아니라, 내 속을 썩일 때는 어떻게 친구 같은 엄마가 될지 고민해 보아야 한다. 아이가 잘못할 때, 문제를 일으킬 때, 사고를 칠 때, 친구 같은 엄마라면 어떻게 할까? 이 질문에 '그럴 땐 친구같이 하면 안 돼지!'라는 생각이 떠오른다면 무의식에서 어떤 엄마가 되기로 마음먹고 있었는지 다시 살펴볼 필요가 있다.

아이를 혼내고 난 뒤 엄마들이 자주 하는 말이 있다.

"나도 모르게 아이에게 소리를 질러요. 안 그러려고 하는데 잘 안 돼요."

"화를 참지 못하고 아이에게 손찌검을 했어요. 아무리 화를 내지 않으려고 노력해도 잘 되지 않아요."

이 말들은 나는 좋은 엄마가 되려고 의식적으로 노력하고 있지만, 무의식이 나를 다른 엄마로 살게 하고 있다고 볼 수 있다. 엄마의 성장과정에서 자신도 모르게 형성된 신념들이 무의식 속에서 내가 어떤 엄마가 될지 이미 운명처럼 결정하고 있다는 무서운 말이 된다.

> 무의식을 의식화하지 않으면 무의식이 우리 삶의 방향을 결정하게 되는데, 우리는 바로 이런 것을 두고 운명이라고 부른다. –심리학자 칼 융

그래서 정신분석의 중요한 심리치료 기법 중 하나가 '무의식을 의식화하라!'인가 보다. 나의 의식은 친구 같은 엄마이지만 나의 무의식이 '아이가 잘못하면 혼내고 협박하는 엄마'라고 방향을 결정하고 있다면 내 뜻과는 달리, 나도 모르게, 아무리 노력해도 내가 원하는 '친구 같은 엄마'가 되기 어렵다는 뜻이 된다. 그러니 무의식 속에서 어떤 엄마가 되고 싶어 하는지 계속 파헤쳐서 의식으로 끌어올려야 할 것 같다.

엄마의 딜레마

임신하면서 산부인과를 선택하는 것부터 엄마의 고민이 시작된다. 연예인들이 다닌다는 유명한 병원을 가고 싶은 마음과 내 조건에 맞는 가까운 곳의 현실적인 병원을 선택하는 것을 고민하다 보면 딜레마로 느껴진다.

아이가 태어나면 어떤 분유를 먹일까도 딜레마다. 비싼 분유를 먹일까? 싼 분유를 먹일까? 한 달 생활비는 여유 없이 빠듯해도 우리 아기를 위한 분유를 선택하는데 가격으로 잣대질하는 것 자체가 못마땅해진다. 싼 분유를 먹이는 것이 아기에게 죄를 짓는 기분이다. 비싼 분유는 도대체 뭐가 들었기에 가격도 2배 이상이나 가는지 모르겠다. 어쨌든 배 이상의 가격을 주고서라도 그 비싼 분유를 사서 먹여야 아이를 제대로 사랑하는 엄마가 되는 것 같다.

딜레마란 선택해야 할 길이 2가지 중 하나로 정해져 있을 때, 그 어느 쪽을 선택해도 바람직하지 못한 결과가 나오게 되는 곤란한 상황을 말한다. 엄마의 고민에 굳이 '딜레마'라는 용어를 갖다 붙이는 이유는 정말 딜레마처럼 어찌해야 좋을지 모를 곤란함을 느끼기 때문이다. 좋고 비싼 걸 사주자니 경제 사정이 그렇지 못한 내 인생이 한심하게 느껴진다. 그렇다고 형편에 맞게 하려니 무능력한 부모를 만난 아기에게 한없이 미안해진다. 물려받은 중고 유모차나 저렴한 유모차에 아이를 태우고 지나가다 수백 만 원짜리 유모차를 만나면 순간 나도 우리 아이도 패배자가 된 느낌이 괴롭다. 이런 딜레마를 만날 때 나는 어떤 엄마가 되고 싶은지 따져보는 게 좋을 것 같다.

우리 아이가 6살이 되어 유치원에 보내기로 했다. 가까운 지역의 대학부설 사립유치원이 엄마들 사이에 가장 인기가 있다. 물론 나도 별 고민 없이 그 유치원에 아이를 보내야 하는 걸로 생각했다. 접수를 하고 아이와 함께 추첨에 참여했다. 넓은 체육관에서 자기 번호가 나올 때마다 환호하는 사람들이 있었지만, 동시에 떨어질 것 같은 불안함에 표정이 점점 일그러져 가는 사람들도 있었다. 나는 후자였다. 멋모르는 아이는 눈을 동그랗게 뜨고 우리도 곧 소리지르며 좋아하게 될 걸 기대하고 있었다. 하지만 우리 번호는 끝까지 불리지 않았다.

'뭐 이런 일이 다 있지?'

전혀 준비 되지 않은 상황에서 스스로의 의지나 노력과는 전혀 상관없이 타의에 의해 우리의 소망이 뭉개지는 걸 경험하면서 어이가 없었다. 실망감에 내 감정을 추스르기 어려웠지만 아이에겐 너무 실망한 티를 내면 안 되겠다 싶어 가볍게 말했다.

"우린 안 됐네. 다른 유치원 가자. 여긴 별로인 거 같아."

"그럼 왜 왔어?"

"응, 그냥 한번 어떤 곳인지 와봤어. 그런데 이렇게 사람들을 많이 실망시키는 걸 보니 안 좋은 것 같아."

억지로 말을 만들어 아이에게 설명해 주면서 마음속에 작은 결심을 한 가지 하였다. 얼마나 유명한지가 중요한 게 아니라 작고 소박해도 우리 아이를 진심으로 아껴줄 수 있는 선생님이 있는 곳이면 형식은 중요하게 생각하지 않기로 마음먹었다.

동네의 가까운 유치원을 찾아 보내면서 그때부터 내가 어떤 엄마가 되어야 할지 고민하기 시작했다. 아무 생각 없이 휘둘리며 아이를 키우면 안 되겠다고, 자신의 노력과 의지가 아니라 운이 우리의 길을 결정하게 하는 일은 없게 할 거라는 생각도 하게 되었다. 이렇게 부딪치고 나서야 비로소 내가 어떤 엄마로 살지 구체적으로 생각하게 된 것이다.

솔직히 내 무의식 속에는 위협하고 협박하는 엄마가 더 많이 들어있다. 그런데 다행히 좀 더 줏대 있고 소신 있게 아이를 키우고 싶어 하는 기특한 생각도 숨어 있다는 걸 깨달았다. 앞으로는 이 녀석을 좀 더 잘 키우리라 다짐해 본다.

'무의식을 의식화하라'라고 했던 프로이드는 "정신분석자는 발굴 작업을 수행하고 있는 고고학자처럼, 가장 깊숙이 감추어진 가장 값진 보물을 찾을 때까지 환자의 정신을 한 층 한 층 벗겨가야 한다"고 말했다. 엄마도 자신이 어떤 엄마가 되고 싶은지 자신의 마음속 깊은 곳을 발굴 작업하듯 찾아가면 좋겠다.

이런 의미에서 본다면 대부분의 엄마들은 자신이 어떤 엄마가 되고 싶은지 자세히 깨닫지 못하고 있다는 말이 된다. 누구나 행복한 결혼생활과 예쁜 아이와 함께하는 스윗홈을 꿈꾼다. 그러다 갈등이 생기면 숨어 있던 무의식 속에서 자신의 욕구와 바람들이 부글부글 끓어대기 시작한다. 거기서 엄마의 새로운 길이 만들어지기 시작한다.

딜레마를 만났을 때 나는 어떤 엄마가 되고 싶은가?

비싼 분유와 싼 분유 사이에서, 비싼 유모차와 싼 유모차 사이에서 엄마는 늘 고민하고 또 고민한다. 하지만 솔직히 아이는 자신이 얼마나 좋은 분유를 먹었는지, 좋은 옷과 좋은 장난감을 사용하였는지 기억하지 못한다. 나중에 커서 사진으로 확인할 수 있는 건 입던 옷과 장난감이 비싸고 싼 것의 차이가 아니라, 자신이 얼마나 행복한 표정으로 엄마, 아빠와 함께 시간을 보냈는지다. 아이가 크고 나서 엄마에게 왜 더 좋은 옷을 사주지 않았냐고 따지는 경우는 별로 없다. 왜 내 마음을 그렇게 아프게 했느냐고 울며 원망한다. 왜 자신을 제대로 사랑해 주지 않았는지 원망한다.

중학생이 된 한 아이가 늘 바쁘기만 했던 엄마에게 방문을 걸어 잠그고 소리 지르며 하소연한다. 왜 엄마는 내가 엄마가 필요할 때 한 번도 곁에 있지 않았는지 묻는다. 바쁜 엄마는 아이의 학교생활에 쫓아다니지 못했고 학부모 참관수업에 가보지도 못했다. 늘 할머니와 다른 친척들이 대신 가주었다. 엄마는 자신도 어쩔 수 없었음을 하소연한다. 퇴근하고 돌아와서 집에 있는 시간에 아이와 잘 지내기라도 했으면 좋았겠지만, 공부까지 하느라 아이의 엄마는 계속 남의 손에 아이를 맡겼을 뿐이다. 혹시라도 시간이 남으면 엄마는 다음 날 일을 위해 준비하고, 며느리 역할과 아내 역할을 하느라 아이의 마음을 돌볼 겨를이 없었다.

자신은 친구 같은 엄마가 되고 싶었지만, 아이가 중학생이 되는 15년의 시간 동안 아이가 그렇게 느껴본 적은 거의 없다. 엄마라면 누구나 비슷한 딜레마에 빠져 고민하고 있다. 이는 자신이 되고 싶은 '친구 같은 엄마'의 구체적 행동 강령을 몰라서라는 생각이 든다.

다음과 같은 상황에서 좋은 친구 같은 엄마라면 어떻게 하는 게 좋을지 생각해보자.

- 큰 아이가 동생을 때릴 때
- 아이가 친구 장난감을 몰래 가져왔을 때
- 아이가 책 읽기를 싫어할 때
- 엄마가 출근하려는데 아이가 가지 말라고 할 때
- 유치원에 가지 않으려 떼를 쓸 때
- 집안일은 쌓였는데 아이가 놀아달라고 할 때
- 아이가 거짓말을 할 때
- 엄마 지갑에서 돈을 훔쳤을 때

친구 같은 좋은 엄마란 무조건 편을 들어주는 건 아니다. 사람들이 흔히 말하는 좋은 친구란 함께 웃고, 함께 울며, 좋은 점과 나쁜 점을 진지하게 말해주는 친구이다. 서로 마음을 맡길 수 있는 친밀함이 있고, 서로에게 마음의 의지가 되는 친구이다. 엄마와 아이가 이런 관계라면 앞에서와 같은 난감한 상황에서 어떻게 할지 어렴풋이 생각을 정리할 수 있다.

공자님은 세 부류의 유익한 벗과 세 부류의 해로운 벗이 있다고 말씀하셨다.

'정직한 사람, 성실한 사람, 견문이 넓은 사람은 유익한 벗이고, 겉치레를 중시하는 사람, 아첨 잘하는 사람, 말만 앞세우고 성의가 없는 사람은 해로운 벗이다.'

공자님 말씀처럼 '아이에게 정직하게 엄마 마음을 전하고, 성실하게 시간을 만들어 아이 마음을 알아주고, 넓은 견문을 아이에게 전하는 엄마'라면 진짜 친구 같은 엄마라는 생각이 든다. '남들 보는 앞에서는 좋은 엄마인 척하고, 순간 기분 맞추려 돈으로 해결하고, 말만 앞세우고 성의 있게 아이 마음과 만나지 않는 엄마'라면 절대 친구 같은 엄마가 되기는 어려울 것 같다. 나도 우리 아이에게 진짜 친구 같은 엄마가 되고 싶다.

지란지교 같은 엄마를 꿈꾸며

저녁을 먹고 나면 허물없이 찾아가
차 한잔을 마시고 싶다고 말할 수 있는
친구가 있었으면 좋겠다
입은 옷을 갈아입지 않고
김치 냄새가 좀 나더라도 흉보지 않을 친구가
우리 집 가까이에 있었으면 좋겠다

비 오는 오후나 눈 내리는 밤에도
고무신을 끌고 찾아가도 좋은 친구
밤늦도록 공허한 마음도 마음 놓고 보일 수 있고
악의 없이 남의 얘기를 주고받고 나서도
말이 날까 걱정되지 않은 친구가-

-유안진, 〈지란지교를 꿈꾸며〉 중에서

지란지교(芝蘭之交): 난초같이 향기로운 사이로 절친한 사귐.

학창시절 친한 친구와 이 시를 읽으면 우리 늙어도 이런 친구가 되자며 손가락 걸고 맹세했었다. 그 친구는 지금도 내 마음속에 지란지교로 남아 있다.

그런데 아이가 스무 살이 넘어가니 다시 이 시가 종종 떠오른다. 아이와 이런 관계가 되고 싶다는 소망을 갖게 된다. 나는 얼마든지 이런 마음이지만 중요한 건 아이 마음이다. 아이는 나를 지란지교로 받아들여 줄까?

날마다 보는 아이와 전화하며 마치 오랜만에 친한 친구에게 전화 거는 것처럼 이야기 나누어 본다.

"안녕? 잘 있었니? 요즘 어떻게 지내?"

"전에 말하던 그 문제는 잘 해결됐어? 그래? 힘들었겠다."

"네가 중요한 사람이라 나중에 큰 인물로 쓰려고 이런 시련이 있는 걸 거야."

"난, 네가 잘해낼 줄 알았어."

엄마로 탄생해서 한 살씩 나이를 먹어 가면 최소한 1년 단위로 아이의 나이에 맞게 어떤 엄마가 될지 생각해 보는 게 좋겠다. 그러면 엄마로 사는 게 훨씬 가볍게 느껴진다. 아이들은 먼 미래의 꿈을 위해 지금을 살아가면 되지만, 엄마는 아이의 나이에 맞게 어떤 엄마가 되는 게 좋을지 생각할 필요가 있다는 말이다. 1살 된 엄마, 2살 된 엄마는 성장하는 시기별로 자신이 어떤 엄마가 되고 싶은지, 어떤 엄마가 되어야 할지 생각하고 점검하며 발전시켜 보면 좋겠다. 늘 처음 하는 엄마 역할에 정신 못 차리고 허덕거리지만, 동시에 엄마는 아이가 꾸는 꿈을 잘 실현하도록 도와주기 위해 어떤 모드의 엄마가 되어야 할지 늘 고민하고 선택해야 한다. 매번 생각하기 어렵다면 지란지교 같은 엄마를 꿈꾸면 좀 더 쉬울 것 같다.

세 번째 깨달음

양육은 타이밍,
아이에게 제때 반응할 줄
알았더라면

밥 주는 타이밍, 안아주는 타이밍

아이가 태어나면 우선 가장 중요한 건 젖을 주는 타이밍이다. 이 타이밍을 못 맞추면 나쁜 엄마가 된다. 이 타이밍의 정확도로 인해 아직 제대로 보이는 것도 없고, 말도 못하는 아기는 세상이 믿을 만한 곳인지, 나를 돌보는 엄마라는 이가 괜찮은 사람인지 무의식적으로 판단한다. 게다가 자기 자신이 좋은 대접을 받을 만한 좋은 사람인지도 무의식 속에 쌓여가기 시작한다.

배고파서 우는 아기에게 젖을 주는 일에 너무 큰 의미를 갖다 붙인다고 못마땅할 수도 있겠다. 하지만 영아발달을 연구하는 학자들은 하나같이 말하고 있다. 이 시기의 즉각적인 반응이 아이의 무의식적 기억에 큰 영향을 미친다고. 자신이 잘 대우받았는지 여부에 따라 암묵적 기억으로 남아 기본 정서를 형성한다.

불안하고 눈치 보는 아기는 그렇게 태어난 게 아니라 양육하는 엄마가 아이에게 필요한 것을 타이밍 맞춰 제공하지 못했기 때문일 수 있다. 그래서 어린 아기일수록 제때에 젖 주고 기저귀 갈아주는 일이 중요하다. 제때에 밥 먹이고 제때 잠재우고 제때 아이와 눈을 마주 치지 않으면 아이의 성장에서 뭔지 모를 적색 신호가 들어오기 시작한다.

좀 더 커서 말귀를 알아듣게 되는 때부터는 이제 엄마의 즉각적인 정서 반응이 중요해진다. 아이를 안아줄 때와 놓아줄 때를 알아야 한다. 위로받으려 다가오는 아이를 밀치거나, 놀고 싶어 버둥거리는 아이를 안아서 꼼짝 못하게 한다면 타이밍을 못 맞춘 것이다.

제때 칭찬하고 제때 감사하고 제때에 미안하다고 사과하지 않으면 엄마와 아이 모두 큰 어려움을 겪게 된다. '가장 늦은 때가 가장 빠른 때'라는 말은 '늦었지만 포기하지 말라는 말이지 늦어도 괜찮다'는 말은 아닌 것 같다. 양육에서 타이밍을 놓치고 나면 엄마는 지나고 나서 가슴을 치고 후회하고, 아이는 가슴에 상처를 안고 평생을 살아가기도 한다.

아이가 크고 나면 엄마의 상처는 더 심해진다. 그때 내가 왜 그랬을까? 아이 마음을 살피는 일보다 더 중요한 건 없는데 다른 일이 뭐가 그리 중요하다고 바로 그때 아이 마음을 살펴 주지 못했을까. 이젠 품을 떠난 자식들이 더 아프게 그리워진다.

그렇다. 아이가 어릴수록 엄마 역할에서 타이밍은 아주 중요하다. 아이에게 즉각적으로 반응해 주지 않으면 생각보다 부작용이 크다. 양육에서 타이밍은 우리가 생각하는 이상으로 큰 힘을 발휘하는 것 같다.

아이 엄마, 엄마!

엄마 나중에 얘기해.

아이 나중에 언제? 그러다 또 안할 거면서.

이런 다툼은 결국 타이밍에 대한 싸움이다. 어쩌면 아이와의 많은 갈등이 타이밍을 못 맞춘 때문은 아닐까? 아이를 다 키운 많은 엄마들이 후회하는 말은 이렇다.

"그때 그렇게 하지 말걸. 내가 그때 왜 그랬을까?"

사랑의 타이밍처럼 육아에도 타이밍이 중요하다. 그때가 아니라 다를 때 했더라면 아무 문제없었을 것을, 아니 다른 때였더라면 내가 그렇게까지 심하게 하지 않았을 텐데. 결국 나 자신에게 적합한 타이밍과 아이에게 적절한 타이밍을 찾지 못해 서로 주고받은 상처가 장난이 아니다.

고슴도치의 타이밍

'고슴도치 딜레마'를 들어본 적 있는가? 추울 때 서로 몸을 가까이해서 온기를 전하려던 두 마리 고슴도치가 너무 가까워지면 서로의 가시에 몸을 찔린다. 그렇다고 너무 멀리 떨어지면 추워서 견딜 수가 없다. 그래서 독일 철학자 쇼펜하우어가 인간관계도 고슴도치처럼 적절한 거리를 유지하는 것이 좋다고 설명한 것이 '고슴도치 딜레마'이다.

우리나라에는 '고슴도치도 제 새끼는 함함하다고 한다'는 속담이 있다. '함함하다'는 '털이 보드랍고 반지르르하다'는 뜻이니 이 속담은 '털이 바늘같이 꼿꼿한 고슴도치도 제 새끼의 털이 부드럽다고 옹호한다는 뜻'이다.

그런데 우리나라 속담이나 쇼펜하우어의 말에는 함정이 있다. 수백 년 이어온 속담과 세계적 철학자의 말을 걸고넘어지는 게 시건방져 보일 수도 있겠지만 좀 따져볼 필요가 있겠다.

고슴도치 가시가 아무리 날카로워도 새끼를 젖 먹여 키우는 데는 아무런 문제가 없다는 사실을 아는가? 앞가슴 쪽에는 가시가 없기 때문에 새끼에게 젖을 먹이는 데 방해될 게 없다. 반대로 새끼에게도 가시가 있어 엄마가 새끼를 안으면 새끼의 가시에 엄마가 찔릴 수가 있다고 짐작하겠지만 사실은 그렇지가 않다. 고슴도치가 태어날 땐 가시가 피부 밑에 있어 어미가 새끼의 가시에 찔릴 염려는 없다. 게다가 고슴도치는 스스로 가시를 세울 때와 가시를 내릴 때를 구분할 줄 안다. 그래서 교미기나 동면기에는 가시를 내리고 다른 고슴도치와 가까이서 따뜻함을 나눌 수 있다. 그러니 엄마 고슴도치와 새끼 고슴도치가 서로에게 상처 줄 일은 없다.

또 엄마 고슴도치는 필요할 땐 가시공이 되어 새끼를 위험에서 구하고 자신의 안전도 도모한다. 실제로 고슴도치는 위협을 받으면 등에 난 약 5000개의 가시털을 곧추세우고 몸을 둥글게 움츠린다. 그래서 호랑이조차도 고슴도치는 잡아먹을 엄두를 못 낸다. 끝이 갈고리 모양인 고슴도치의 가시털은 한번 몸에 박히면 몸을 움직일수록 점점 더 깊이 들어간다.

만약 고슴도치와 여우가 만나면 누가 이길까? 기원전 7세기경의 그리스 시인 아르킬로코스는 '여우는 많은 것을 알고 있지만 고슴도치는 하나의 큰 것을 알고 있다'고 말했다. 여우가 아무리 교활한 음모를 꾸며 고슴도치를 공격하려 해도, 고슴도치는 자신이 언제 가시공을 만들어야 하는 지 그때를 아주 잘 알고 있다. 그러니 온몸이 가시로 둘러싸인 고슴도치를 여우는 어쩌지 못하는 것이다. 결국 고슴도치와 여우와의 싸움에서 항상 이기는 쪽은 고슴도치이다. 고슴도치가 알고 있는 큰 것 한 가지는 바로 가시를 내릴 때와 가시를 눕힐 때를 아는 '타이밍 능력'이다. 엄마가 고슴도치의 타이밍 능력을 배우면 좋겠다.

엄마의 타이밍

엄마는 아이를 혼내며 키울지, 친구 같은 엄마로 살지 매순간 선택한다. 그런데 가만히 보면 타이밍을 잘 맞추기만 한다면 친구같이 좋은 엄마가 되는 길은 참 쉬울 거라는 생각이 든다. 아이에게 위로와 격려가 필요한 순간에 혼을 내니 아이의 문제 행동은 수정되지 않고 원망만 커지는 게 아닐까? 혼낼 때가 아닌데 혼내니 상처받는 것은 아닐까? 혼낼 만할 때 혼내면 아이들은 오히려 수긍하는 태도를 보인다. 심리적 안정감을 갖고 다음에는 잘못된 행동을 스스로 고치는 모습을 볼 수 있다.

고등학생 아들이 샤워 후 팬티 바람으로 왔다 갔다 했다. 아이의 뒷모습을 보는 순간 가슴이 덜컥 내려앉았다. 양쪽 엉덩이 아래에 피멍이 들어있다. 너무 놀라 아이를 붙들고 이게 무슨 일이냐고, 어쩌다 맞았냐고 도대체 누가 이렇게 무식하게 피멍이 들도록 때렸냐고 소리 지르며 폭풍처럼 아이를 몰아댔다.

"아, 내가 맞을 만해서 맞은 거예요. 신경 쓰지 마요. 괜찮다니까!"

엄마가 어쩌다 등짝 한번만 때려도 왜 때리냐며 따지는 녀석이 이렇게 피멍이 들었는데도 오히려 선생님을 옹호한다. 가슴이 아프다 말고 갑자기 아이가 괘씸해진다. 절대 학교에 묻지도 따지지도 말고 아무것도 하지 말라는 아이의 당부를 여러 번 받고서야 마음이 진정이 되었다. 저 정도로 말할 정도면 '정말 아이가 자신의 잘못을 수긍하나 보다'라는 생각이 들었다. 만약 자신이 맞은 게 부당하다고 여겼다면 덩치가 다 큰 녀석이 분노를 표현할 텐데 전혀 그렇지가 않다. 혹은 이제 다 컸다고 생각하는 녀석이라 엄마가 학교일에 간섭하는 게 더 싫어서 그런가 하는 생각도 들었지만 그런 건 아닌 것 같았다.

아이의 피멍자국이 자꾸 눈앞에 어른거려 내 마음이 아플 때마다 저렇게 아프게 맞고도 선생님을 조금도 원망하지 않는 이유가 궁금해졌다. 선생님이 타이밍을 잘 맞추었다는 생각이 들었다. 아이가 스스로 잘못했다고 생각하는 순간을 잘 맞춰 따끔하게 매를 드니, 아이는 오히려 자신에게 관심을 가져준 선생님에 대해 전혀 반감 없이 그 벌을 고스란히 받아들였던 것 같다.

그렇다면 조금 혼난 것을 몇 년 동안 가슴에 쌓아두거나, 아이의 부탁을 거절한 것을 도저히 이해할 수 없는 엄마의 만행으로 여기는 것은 어쩌면 엄마가 타이밍을 잘 못 맞춘 것이 아닐까?

아이들이 바라는 엄마는 친절한 엄마, 맛있는 음식을 해주는 엄마, 잘 놀아주는 엄마, 잘했을 때 칭찬해주고, 잘못하면 혼내주는 엄마, 잘 가르쳐주는 엄마이다. 아이들의 말에 언제 그런 걸 원하는지 넣어서 생각해보자.

마음이 슬프고 외로울 때, 따뜻하게 마음을 위로해주는 엄마

배고프고 입맛 없을 때, 맛있는 음식을 해주는 엄마

심심하고 지루할 때, 잘 놀아주는 엄마

잘했을 때, 뿌듯한 마음이 들도록 충분히 칭찬해주는 엄마

잘못했을 때, 따끔하게 혼을 내서 자신이 잘 자라도록 혼내주는 엄마

공부하고 싶을 때, 잘 가르쳐주는 엄마

아이들은 이런 엄마를 바란다. 결국 적절한 타이밍을 맞추는 엄마의 역할이 중요하다는 말이다. 알면서도 못하는 것이 아니라, 타이밍을 못 맞춘 탓에 아이를 키우는 일이 힘겹게 느낄 수도 있는 것 같다. 하긴 아이 키우는 일뿐이랴, 집을 사고파는 일에도 타이밍을 잘 맞춘 사람은 부동산 부자가 되질 않는가. 아이를 키우는 일에도 엄마가 타이밍의 감각을 키워 가면 좋겠다.

그런데 타이밍을 어떻게 아느냐고? 집값의 신호를 알아내는 데는 아주 복잡한 전 세계의 경제 흐름까지 알아야겠지만, 엄마의 타이밍을 알아차리는 건 의외로 아주 쉽다. 아이를 관심 있게 잘 지켜보면 된다. 아이는 표정과 몸짓으로 말과 행동으로 우리에게 계속 신호를 보내고 있다. 그 신호가 때론 암호라서 해독하는 기술이 필요하지만 그것도 어렵진 않다. 우리 자신이 어린 시절을

모두 경험했으니 조금만 역지사지 해보면 된다. 그것이 어려우면 남편이나 시어머니가 나에게 언제 무엇을 해주기를 바라는지 내 마음을 들여다보면 된다. 우리 아이 마음이 딱 그 마음이니까.

사회조직에서 여성 리더에 대한 조직의 불만 1순위는 단호한 결단력 부족에 있다고 한다. 남자들은 조금만 확실해도 자신감 있게 결단을 내리고 일을 진행하는 반면 여자들은 90%의 확실한 요소가 있어도 10%의 불안감 때문에 타이밍을 놓친다는 것이다.

엄마도 여자라 이런 특성을 가졌을 것이다. 이런 특성이 있다는 걸 알기만 해도 조절하기 쉬워진다. 게다가 엄마는 아이에게 중요한 건 아주 열심히 배운다. 타이밍을 잘 맞추면 아이 키우는 일이 훨씬 수월해질 수 있다는 데 왜 미루겠는가.

칭찬해줄 때를 잘 살려보자. 혼내야 할 때는 엄격하게 혼을 내보자. 위로해줄 때는 특히 더 타이밍을 놓치지 않는 것이 좋다. 단호하게 거절할 때는 좀 더 용감하게 단호해도 된다. 때론 과감하게 타이밍을 놓치지 않고 새로운 경험에 도전해 보는 결단력이 있는 엄마가 되어 보는 건 어떨까?

이렇게 말하니 하루 종일 적절한 타이밍을 찾는 일이 어렵게 느껴지기도 한다. 너무 부담스러울 필요는 없다. 열 번 중 열 번을 다 맞추라는 의미가 아니다. 야구 타자도 열 번 중 세 번을 맞추면 아주 훌륭한 타자가 된다. 세 번까지 하면 좋겠지만 그건 아주 익숙해지고 난 다음의 일이다. 우선 타이밍 맞출 일이 하루에 열 번 있다면 그중 한 번만 잘 맞추어 보자. 한 번의 마음이 통하는 소통은 나머지 아홉 번의 실수를 충분히 상쇄하고도 남는다.

그래도 어렵게 느껴진다면 타이밍을 전혀 생각하지 않아도 되는 양육 방법을 잘 활용하면 된다. 아이와 함께 웃는 일이다. 시도 때도 없이 아이와 잘 웃는다면 혼낼 일도, 엄격할 일도 단호해야 할 일도 확 줄어든다. 타이밍 맞추는 게 어렵다면 함께 웃는 작전을 펴보기 바란다. 아이와의 웃음이 얼마나 중요한지, 어떤 힘이 있는지는 뒤에 다시 살펴보겠다.

늦었다고 생각될 때는 정말 늦었다

'늦었다고 생각할 때가 가장 빠르다.'

'늦었다고 생각될 때는 정말 늦었다.'

양육에는 둘 중 어느 말이 더 적합할까? 판단이 잘 안된다면 자신의 엄마와의 관계를 잠깐 생각해보자. 만약 어린 시절 엄마에게 풀지 못한 상처가 있었고, 늙으신 엄마가 이제 와서 자신에게 사과를 한다면 어느 쪽으로 마음이 기우는가? 늦지 않았다는 생각이 더 큰가? 아니면 그래도 늦었다는 생각이 더 크게 드는가? 대부분이 '늦었다'는 느낌이 더 강하다고 한다. 이유는 상처를 안고 살아온 시간 동안 힘들었기 때문이다. 서로 함께 행복해야 할 시간을 그렇게 지내지 못한 게 너무 억울하고 아깝기 때문이다. 그러니 아이를 양육하는 일에서는 '늦었다고 생각될 때는 정말 늦었다'가 더 가까운 것 같다.

사실 두 말은 '지금이라도 뭔가를 시작하라'는 같은 의미의 말이다. 그런데 전자의 말은 핑계거리를 준다. 지금 시작하지 않고 나중에 해도 될 것 같은 느낌이 든다. 그래서 후자의 말을 더 강조하고 싶다.

'늦었다고 생각될 때는 정말 늦었다.'

아이 마음에도 골든타임이 있다. 골든타임이란 의학적으로 응급상황에서 어떤 치료가 효과를 위해 꼭 행해져야 하는 제한 시간을 말한다. 물론 마음은 몸과 달라 시간이 지나고 나서 다시 화해하거나 사과해도 된다. 하지만 골든타임만큼의 효력은 발생하지 않는다. 기다리다 지친 마음은 사과를 받고 싶은 마음도 들지 않고, 다시 그 일을 꺼내 들먹이는 걸 허용하고 싶지도 않다. 그냥 더 이상 가까워지지 않고 멀리서 그냥 불편한 채로 지내는 게 더 좋다고 생각하게 된다.

주변에 나이든 50대 중년의 여인이 있다. 여인에게는 동생이 둘 있다. 그 여인의 엄마는 당신의 삶이 너무 힘이 들어 아이의 마음을 보살필 여력이 없었다. 그저 그날 하루 아이들이 먹을 걸 마련하느라 나가서 장사하고 큰 아이에게 동생들과 함께 밥 챙겨 먹는 일을 시켰다. 돌아오면 쉬지도 못하고 또 집안일을 하시며 설거지를 해놓지 않은 여인을 나무랐다. 그녀가 기억하는 그때 그녀의 나이는 10살이었다. 자라면서 동생들 보살피고 집안일 거드는 게 자신의 몫이었다. 공부를 하고 싶었지만 남동생 공부 때문에 자신은 고등학교까지만 겨우 갈 수 있었다.

지금 자신이 힘겹게 살아가는 이유가 꼭 엄마 때문인 것 같다. 대물림되는 악순환으로 자신의 아이들도 자신처럼 살게 될까봐 겁이 난다. 이제 늙어서 병들고 기억도 잘 못하시지만 여전히 엄마만 보면 화가 나고 1시간만 지나면 티격태격 싸우게 된다.

노모가 어느 날, 그녀에게 옛날에 고생시켜서 미안하다고 말한다. 그 말을 듣는 순간 그녀는 갑자기 눌러두었던 화가 폭발해서 울면서 이렇게 소리쳤다.

"왜 이제 와서 그런 말을 해. 진즉에 좀 말해주지. 이제 와서 무슨 소용이야. 내가 얼마나 힘들었는지 알아?"

우리 아이의 마음을 알아주는 일에도 골든타임이 있다. 제때에 반응하는 게 가장 좋겠지만 엄마가 늘 그렇게 하지는 못한다. 다행히 아이도 기다려줄 인내심이 있다. 하지만 그리 크지는 못한 것 같다. 가능하면 하루 안에, 그것이 어려우면 일주일 안에 알아주지 못한 아이의 마음을 알아주자.

아이 마음과 소통하다 보면 몇 년 묵은 상처가 불쑥 나올 때도 있다. 이런 경우엔 늦었지만 너무 늦지 않은 타이밍이라는 생각이 들기도 한다. 여인도 처음엔 너무 늦었다고 생각했다. 그런데 그 여인은 며칠 뒤 너무 늦었지만 그래도 가슴에 맺힌 응어리가 내려간 것 같다고 했다. 늦었지만 다행히 유효기간은 없나 보다. 이제 엄마의 남은 시간이 얼마 되지 않았지만 그래도 엄마를 미워하는 감정 없이 폭 껴안을 수 있게 되었다는 여인의 말이 여운으로 남는다.

네 번째 깨달음

아이에게
위로와 사과를 할 줄
알았더라면

미안하다 말할 줄 모르는 아이

초등학교 5학년 선영이가 세 명의 친구들 앞에서 우물쭈물하고 있다. 그중 한 명이 유난히 나서서 큰 소리로 친구를 다그친다.

"야! 니가 그러고도 친구야? 어떻게 그런 말을 하고 다닐 수가 있어?"

이런 말에도 선영이는 아무 말도 못하고 고개만 숙이고 있다. 부끄럽고 어쩔줄 몰라 딱 죽고 싶은 심정이다. 원래 이 3명하고 친했다. 그런데 다른 아이랑 놀다 얘들에 대해 잠깐 험담했는데 그게 친구들 귀에 들어간 것이다. 어쩌자고 그런 말을 했는지, 생각 없이 말한 자신이 너무 싫다. 뭘 어떻게 해야 할지 모르겠다. 자기 말을 옮긴 그 친구도 원망스럽긴 하지만 그건 나중에 따질 일이다.

솔직히 친구들에게도 미안하게 생각한다. 그런데 그 말이 입에서 맴돌기만 하고 나오질 않는다. 친구들이 한번만 봐주고 넘어가면 좋겠다. 나도 전에 봐준 적 많은데 왜 얘들은 이렇게 꼬치꼬치 따지는지 모르겠다. 내 속은 타들어 가는데 한마디도 입에서 나오지가 않는다. 나도 내가 싫다.

"야! 뭐라 말 좀 해."

이젠 친구들이 아무 말도 하지 않는다고 다그친다. '미안하다'는 말이 입속에서 맴돌고 있지만 입 밖으로 나가지 않는다. 한참 동안 전개되는 이 상황에 너무 짜증이 났는지 다른 친구가 말한다.

"야! 그냥 가자. 내버려둬. 이제 상대 안 하면 되지."

친구들이 마지막으로 째려보며 간다. 난 결국 미안하다는 말도, 생각 없이 한 실수였다는 말도, 이번 일은 너희가 그냥 별일 아닌 것처럼 넘어가 달라고, 다신 그런 실수하지 않겠다고 말하고 싶었지만 단 한마디도 하지 못했다. 이 상황이 끝난 게 다행히긴 하지만 앞으로 벌어질 일을 생각하니 겁나고 두렵다.

'어떡하지? 어떡하지?'

선영이는 원래 자기 마음을 잘 표현하지 못하는 아이였다. 미안한 마음이 없는 게 아닌데 그걸 표현하지 못했다. 그 마음을 모르는 친구들의 화와 배신감은 어마어마했다. 쉽게 풀어질 것 같지가 않다.

이후 친구들은 자기들끼리만 어울렸다. 자신의 마음과 다른 상황이 벌어지는 이 상황을 선영이는 감당할 수가 없었다. 그래서 선영이도 그 친구들을 피해 다녔다. 스스로 외톨이가 되어갔다. 그렇게 시간은 흘러갔다. 선영이도 변해갔다. 밝고 환하던 아이가 어둡고 우울하게 변해갔다. 그 모습을 지켜보는 엄마는 또 속이 터진다. 하지만 엄마는 선영이 마음을 몰랐다. 왜 친구랑 같이 다니지 않느냐고, 친구랑 사이좋게 지내라는 말을 반복했다. 그런 말만 하는 엄마는 더 싫었다.

중학생이 되어도 마찬가지였다. 누가 말을 걸어도 대답이 잘 안 나왔다. 점점 아무도 선영이에게 관심을 가져 주지 않았다. 선영이는 누군가 자기를 고쳐주었으면 좋겠다고 생각했다. 기적이 일어나서 세상이 뒤바뀌었으면 좋겠다고 생각했다. 심지어 천재지변이 일어나 세상이 난리가 나면 뭔가 자신이 할 일이 있을 것 같은 생각도 하였다. 자신이 왜 사는지도 모르겠고, 이렇게 살아서 뭐 하나 하는 생각만 들었다. 하루하루 버티기가 정말 힘겨웠다.

친구 없이 외롭게 지내는 선영이를 보며 선영이 엄마는 점점 더 화를 냈다. 바보같이 친구도 제대로 못 사귀냐고 볶아댔다. 속이 터져서 아이를 몰아댔고 때리며 악다구니도 했다. 엄마가 하는 방법이 선영이를 더 괴롭게 한다는 걸 알긴 하지만 엄마도 어쩔 수가 없었다. 선영이 꼴만 보면 자신도 모르게 그러고 있는 것이었다. 선영이는 사과할 줄 몰랐고, 선영이 엄마는 위로할 줄 몰랐다.

이 아이가 엄마가 되었다

사과를 못해 외톨이로 살아온 선영이가 시간이 흘러 엄마가 되었다. 자신과 달리 아이만은 당당하고 멋진 아이로 키우고 싶었다. 그래서 아이에게 말을 잘하라고 가르치기 시작했다. 그런데 어째 아이가 말이 유창하지가 않다. 평소 말은 잘하는데 자기 생각을 묻거나 이유를 물어보면 입을 닫아버린다. 생각은 하는 것 같은데 물어보면 고개만 젓는다. 그렇게 말 잘하라고, 자기 생각을 당당하게 말하라고 가르쳤건만 아이는 엄마를 닮아갔다. 엄마는 자신의 어릴 적 모습과 점점 똑같아지는 아이를 보며 속이 타 들어간다.

'왜 아이는 속마음을 제대로 말하지 못할까? 왜 속으로만 끙끙대고 속 시원히 내뱉지 못할까?'

학교에 입학한 아이가 '수업시간에 화장실 가고 싶다'는 말을 못해서 바지에 오줌을 쌌다고 담임선생님 전화를 받는 순간, 선영이는 머리를 망치로 맞은 기분이었다. 학교로 달려가 뒷수습을 하고 아이와 집으로 돌아왔다. 돌아오자마자 선영이는 아이를 붙들고 울부짖듯 외쳤다.

"너, 왜 제대로 말을 못해!"

그날 밤 선영이는 잠도 자지 못한 채 고민했다. 울다 지쳐 잠든 아이를 한참 동안 바라보다 자신이 한 번도 아이에게 제대로 속마음을 말한 적이 없다는 것을 깨달았다. 어쩌면 자신이 아이에게 솔직하게 말하는 모습을 보여주지 못해 아이도 똑같이 그럴 거라는 생각도 하게 되었다. 이제 뭔가 다르게 하지 않으면 대물림되는 이 지긋지긋한 모습이 달라지지 않을 거라는 생각이 들었다. 사랑하는 내 아이가 자신의 모습과 똑같이 살게 된다는 건 상상도 하기 싫다. 이제 뭔가 다르게 하지 않으면 안 되겠다 다짐하며 새벽을 맞이하였다.

하지만 '난 정말 좋은 엄마가 되어야지!' 이렇게 결심한 많은 엄마들의 결심은 늘 3일을 못가 무너져 내린다. 선영이도 마찬가지였다. 이미 몸에 배여 뿌리가 깊어진 자신의 대화 방식은 아무리 결심을 한다 해도 단 한마디도 다르게 나오지 않았다.

고민하던 선영이는 다른 방법으로 바꾸어 보기로 했다. 육아서, 교육서에서 필요한 말을 골라내기 시작했다. 골라서 분류해 보았다. 아이랑 즐겁게 놀

때 하는 말, 아이에게 지시해야 할 때 하는 말, 아이에게 숙제와 공부를 시킬 때 하는 말, 아이를 따끔하게 혼낼 때 하는 말을 골라내어 공책에 따로 정리해 보았다.

좋은 말은 참 많았다. 하지만 이 많은 말들 중 선영이가 사용하는 말은 거의 없었다. 그리고 정작 옮겨 쓰고 보니 자신이 없어졌다. 사용하는 말이 없을 뿐 아니라 들은 적도 없는 말이 대부분이었기 때문이었다. 이론으로는 알지만 자신이 들어본 적이 없는 말을 할 수 있을 거라는 생각이 들지 않았다. 다시 자신이 없어졌다.

'나는 무슨 말을 듣고 싶었었지? 내가 친구들 앞에서 꼼짝없이 얼어붙어 아무 말도 할 수가 없었을 때 나는 무슨 말을 듣고 싶었을까? 그날 알 수 없는 불안과 두려움에서 벗어나고 싶어 엄마를 찾았을 때 엄마에게 바랐던 건 뭐였지?'

어린 선영이는 그 사건이 있던 다음 날, 친구 중 누군가 사과해주기를 바랐다. 잘못은 자신이 했는데 오히려 친구의 사과를 바라다니 말도 안 된다고 생각할 수 있겠지만 진심이었다. 자신이 별생각 없이 한 잘못인데 그렇게 교실에서 다른 친구들 다 보는 앞에서 자신을 둘러싸고 공격한 건 심하다는 생각이 들었다. 친구라면 그 정도 마음은 알아주어야 한다는 생각도 들었다. 앞뒤가 맞지 않는 생각이라는 걸 엄마가 된 선영이는 알고 있지만, 그 시절 선영이는 몰랐었다.

어린 선영이에게 필요한 건 사과하라는 '다그침'이 아니라 '위로'였다. 그리고 사과할 수 있는 '용기'였다. 잘못했지만 그 순간에도 선영이는 위로받고 싶었다. 그러면 사과하기가 그렇게 어렵게 느껴지지도 않았을 것 같았다. 사과할 수 있는 용기가 필요했었다. 누군가 자신을 위로하고 다독여 주기만 했어도 그 용기를 내는 건 어렵지 않았을 것이다.

생각이 여기까지 미치니 엄마인 선영이는 지금 아이에게 필요한 게 뭔지 어슴푸레 깨닫기 시작했다. 학교에서 창피를 당하고, 엄마에게 혼나 정신이 거의 나가 멍해진 아이에게 다가가 가만히 안아주었다. 그리고 자신이 듣고 싶었던 위로의 말을 해주었다.

"놀랐지? 창피했지? 잘못한 거 아냐. 너 하나도 잘못한 거 없어. 다 엄마가 잘못한 거야. 너한테 제대로 가르쳐 주지 않아서 이런 일이 생긴 거야."

이 말을 듣더니 아이의 울음이 터진다. 우는 아이를 더 꼭 안아주고 등을 쓸어 준다. 엄마인 선영이는 이제야 엄마인 자신이 무엇을 해야 하는지 진심으로 깨닫기 시작했다.

사소한 일이 아이를 위로한다. 사소한 일이 아이를 괴롭히므로

3학년 아이가 학원에서 만난 형에게 얼굴을 맞았다고 한다. 그 형은 실수로 그랬다지만 마치 자기가 나타나길 기다렸다가 팔을 휘두른 것으로 보아 일부러 그런 것 같았다. 아이는 펑펑 울었다. 다행히 학원 선생님의 개입으로 상황은 종료되었지만, 집에 오자마자 엄마는 아이의 얼굴이 푸르죽죽한 걸 보고 무슨 일이 있었냐고 다그치기 시작한다. 아이는 다시 울기 시작한다. 이번엔 아프고 억울해서가 아니라 엄마가 화내는 걸 보니 무섭고 어쩔 줄 몰라서다.

엄마는 어떨까? 당장 달려가 그 아이를 혼내고 싶었다. 아니면 맞고 다니는 아이의 칠칠맞지 못함을 탓하며 제대로 행동하고 다니라고 소리라도 지르고 싶었다.

그런데 정작 지금 제일 힘든 건 우리 아이이다. 지금 필요한 건 엄마가 문제를 해결해 주는 것도 아니고, 아이를 혼내는 일도 아니다. 억울하고 속상한 아이의 마음을 위로해 주는 일이다. "괜찮아, 그럴 수 있지"라고 말했지만 전혀 변화가 없다. '괜찮아'가 정말 좋은 말이긴 하지만 전혀 위로가 되지 않을 수도 있다. 이유는? 안 괜찮으니까. 엄마는 좀 더 생각해 보았다. 뭔가 진짜 위로가 될 만한 걸 해주고 싶었다.

다음 날, 미리 엄마에게서 이 이야기를 전해들은 나는 아이에게 물어 보았다.

"어제 일이 많이 속상했을 텐데 지금 괜찮아 보이네. 왜 괜찮아졌어?"

"네, 지금은 괜찮아요. 아무렇지도 않아요. 어제 엄마가 저 속상하다고 제가 좋아하는 과학관 다녀왔어요. 맛있는 것도 먹었어요."

아이의 엄마는 아이를 위로할 줄 아나 보다.

'사소한 일이 우리를 위로한다. 사소한 일이 우리를 괴롭히므로.'

프랑스의 수학자이자 철학자인 파스칼의 말이다. 이 말에 공감한다면 아이를 위한 '위로 목록'을 만들어 보자. 5개 정도만 만들어 두면 아이에게 위로가 필요할 때 어떻게 하면 좋을지 고민할 필요가 없다.

목록을 만들기가 너무 막연하다면 《자녀의 5가지 사랑의 언어》를 참고해 보자. 이 책의 저자 게리 채프먼은 '모든 부모가 자녀를 사랑하지만 정작 우리의 자녀들은 자신이 사랑받는다는 것을 모른 채 슬퍼하고 방황하고 괴로워한다. 부모의 무지와 오해로 인해 자녀에게 사랑을 전하기는커녕 오히려 소외감과 상처만 안겨주기 십상이다'고 말한다. 그리고 '스킨십, 인정하는 말, 함께하는 시간, 선물, 봉사' 5가지로 구분되는 사랑의 언어가 있으며 그중 우리 아이에게 가장 효과적으로 전해지는 언어는 무엇인지 파악해서 사용하라고 한다.

초등학교 3학년 아이가 엄마에게 가장 바라는 게 무엇이냐고 물었더니 '엄마랑 마주 보고 꼭 껴안기. 2분 동안 하루에 2번'이라고 한다. 이렇게만 해주면 학교에서 힘든 일은 잘 견딜 수 있을 것 같다고 말한다.

그런데 한 번도 엄마에게 말해본 적이 없단다. 이유는? 엄마가 평소에 귀찮아하니까. 이 아이에겐 위로하는 말이나 선물보다 엄마가 힘주어 꼭 껴안아 주는 '스킨십'이 가장 큰 위로와 힘이 되는 언어인가 보다. 우리 아이가 바라는 사랑의 언어가 무엇인지 꼭 찾아보면 좋겠다.

사과조차 필요 없다고 말하는 아이

엄마에게 말을 함부로 하는 중학생 남자 아이를 만났다. 사실 이 아이만 그런 게 아니라 아주 많은 아이들이 그 시기에는 그렇다. 아이에게 왜 그러는지 물어도 답이 없다. 아이 마음을 추측해 보는 수밖에 없다. 그래서 아이에게 마음을 짐작해서 말해볼 테니 아니면 '아니오'라고 말해달라고 했더니 가만히 있는다. 사춘기 아이들이 가만히 있으면 수용의 의미가 크다. '맞다'고 말해 달라고 요구하지 않는 센스를 발휘했다. 맞아도 '맞다'고 말하기 싫은 게 이 즈음의 아이니까.

나는 질문하고 아이는 고갯짓으로 답하는 Q&A를 20분 동안 진행했다. 20개 정도의 질문에서 찾아낸 아이의 마음은 다음과 같다.

'엄마가 자신을 아기 다루듯 하는 것도 마음에 안 들고, 다 아는 척하는 것도, 자기 마음대로 해보려고 하는 것도 다 마음에 안 든다. 아무 말도 하지 말라고 해도 말을 안 듣고, 가만히 내버려 두라고 해도 말을 안 듣는다. 그래서 소리 좀 질렀더니 이젠 어떻게 엄마한테 그럴 수 있냐고 하신다. 차라리 그게 낫다. 나를 괴롭히는 것보다 엄마가 괴롭다고 난리 치는 게 조금은 더 견딜 만하다.

그런데 혼자 그러면 될 걸 또 나를 붙잡고 어떻게 그럴 수 있냐고 아주 고문을 하신다. 제대로 끝내고 싶은 마음에 욕을 한마디 했다.

그랬더니 이제 거의 넘어가신다. 아빠 붙들고 눈물바람을 하니 아빠가 와서 혼을 내신다. 차라리 이게 낫다. 이제 나한테 오지 않겠지. 제발 나 좀 그냥 내버려두면 좋겠다.'

이 아이 제발 엄마가 자신에게 아무것도 하지 않았으면 좋겠다고 아우성친다. 아이에게 엄마가 해줄 수 있는 게 무엇일까? 마음을 몰라준 것에 대해 진심을 담아 사과하는 것밖에 없을 것 같다.

"미안해. 네 마음도 모르고, 너에게 무엇이 중요한지도 모르고, 어설프게 엄마 노릇한다고 널 괴롭혀서 미안해. 네가 원하는 대로 할게."

주의할 게 있다. 어설픈 사과는 사과가 아니다. 미안하다고 사과를 하는 엄마 마음은 다음 대답을 기대한다.

"네, 저도 잘못했어요. 다음부터는 안 그럴게요."

그리고 이 답이 나오지 않으면 엄마는 미안하다고 했는데 왜 계속 그러냐고 다그치게 된다. 이건 사과가 아니다. 마치 아이를 더 혼내기 위한 수단으로 잠깐 이용한 무기같이 느껴진다. '미안하다'라는 네 글자가 가진 원래의 효과는 사라지고 없다. 조금 힘들겠지만 이렇게 말하고 기다려 주자. 그 말이 아이의 마음에서 서서히 싹을 틔울 때까지. 그런데 기다리기 너무 힘들고 속이 터져버릴 것 같다면 빠른 방법이 있긴 하다. 궁금하면 여덟 번째 깨달음을 먼저 읽어 보길 바란다.

다섯 번째 깨달음

아이의 눈길이
어디를 향하는지
알아차렸더라면

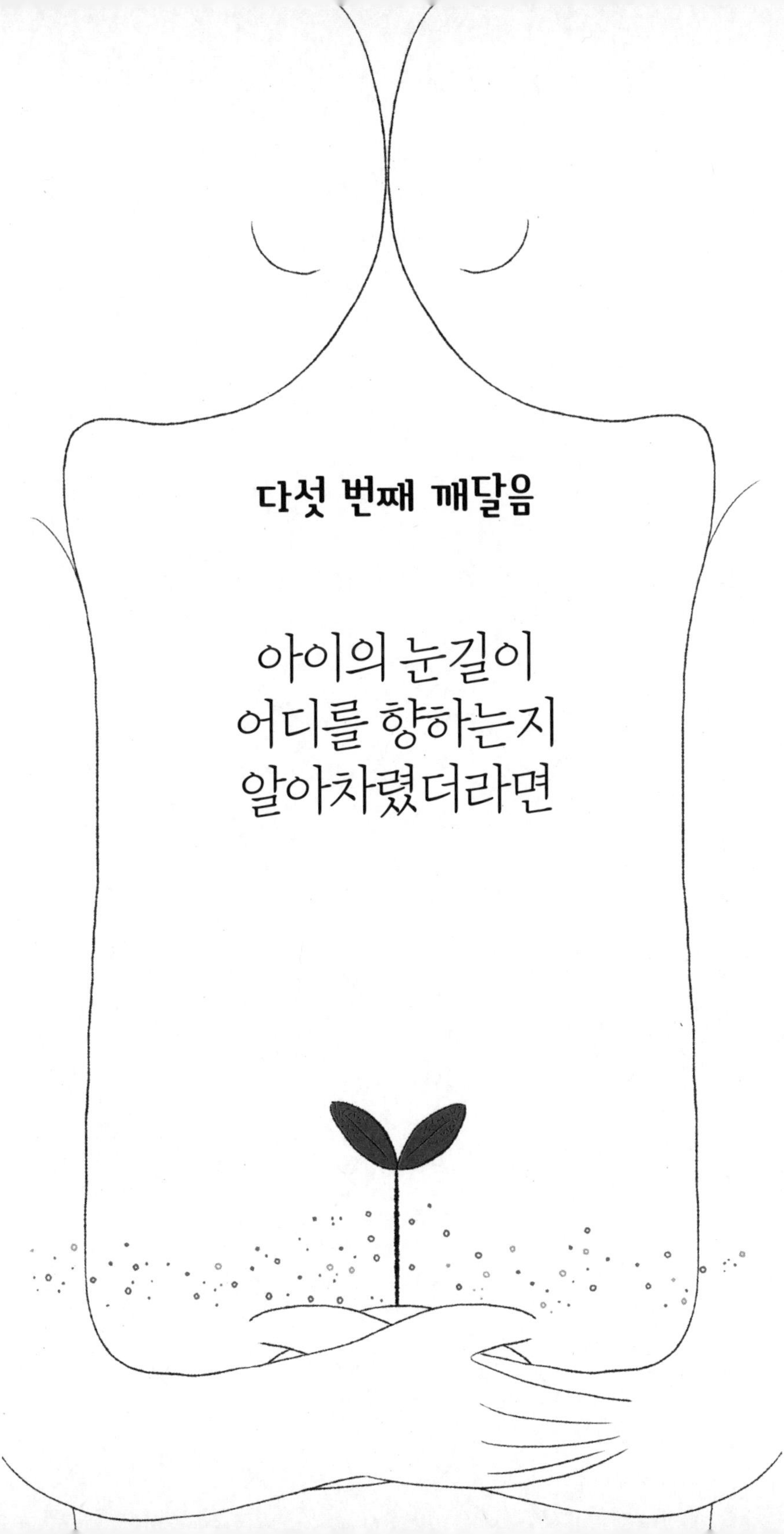

어미 게와 새끼 게

한 아이가 울고 있다. 엄마가 제대로 걸으라기에 엄마처럼 걸었는데 엄마가 잘못 걷는다고 혼을 낸 거다.

"엄마가 똑바로 걸으라고 했지!"

"엄마가 하는 대로 했단 말이에요."

"엄마가 언제 그렇게 하라고 시켰니? 엄마는 똑바로 걸으라고 했잖아."

"엄마가 걷는 대로 했는데 뭐가 잘못된 거예요? 엄마가 걷는 게 똑바른 거 아니에요?"

눈치챘겠지만 《어미 게와 새끼 게》 이솝우화이다. 어릴 적 이 우화를 처음 읽었을 때는 이야기가 무엇을 풍자했는지도 모르고 어미 게의 멍청함에 웃기만 하였다. 아이를 키우다 보니 내가 어미 게 노릇을 하고 있다는 걸 수시로 느낀다. 아이는 엄마의 행동을 보고 배우는데 엄마는 자신의 허물은 보지 않고 엄마 말만 들으라고 한다. 한번 보는 게 백번 듣는 것보다 낫다는데. 하루 종일 엄마가 하는 걸 본 게 있는데, 본 대로 하지 말란다고 어찌 안 할 수가 있을까?

하루 종일 엄마는 자기 마음대로 한다. 먹고 싶을 때 먹고, TV 보고 싶을 때 TV를 본다. 아이가 해야 하는 숙제 같은 건 엄마에게는 없다. 엄마는 집안일이 숙제지만 아이에게 그건 그냥 어른이니까 하는 일이지 엄마가 자신과 같은 걸 하는 걸 보지는 못했다.

아이를 잘 키운 사람들이 하나같이 하는 말은 대부분 일리가 있다. 아이가 책을 보기 바라면 엄마가 책을 읽어야 하고, 아이가 친구를 잘 배려하는 아이로 자라길 바라면 엄마가 남을 도와주고 배려하는 모습을 보여야 한다고. 그런 걸 제대로 보지 못한 아이가 어찌 말만 듣고 그런 행동을 할 수 있을까? 다 맞는 말이다. 엄마가 바라는 것에 대해 아이에게 수없이 말을 해도 한 번도 보지 못한 모습을 행동하는 건 사실 불가능한 건 아닐까 하는 생각도 해본다.

아이는 하루 종일 무엇을 보고 있을까? 당연히 엄마다. 엄마의 행동을 본다. 아이의 눈길이 향하는 곳은 늘 엄마다. 학습의 시작은 관찰학습인데 그 관찰의 대상이 주양육자인 엄마라는 말이다. 엄마가 보여주는 모습을 보며 아이는 자란다.

그렇다면 엄마는 아이에게 무엇을 보여주고 있는가? '잔소리하기, 소리 지르기, 허둥대기, 당황하면 화내기, 실수해도 화내기, 남의 탓하기, 자신은 늘 잘한다고 큰소리치기 등' 이런 것만 보여주며 살았던 건 아닐까? TV 광고나 멋진 영화 속의 엄마처럼 우아한 엄마 역할을 아이에게 보여준 적은 별로 없는 건 아닐까? 아이에게 열심히 하라고, 미리미리 준비하라고, 부지런하라고, 배려도 잘하고, 웃기도 잘하고, 예의도 바르게 행동하라고 수없이 말은 하지만 그런 모습을 보여준 건 얼마나 될까?

2500여 년 전 이솝은 자기 모습은 보지 못한 채 남의 허물만 탓하는 사람의 어리석은 속성을 게에 비유해서 이야기했다. 부모 자식 간의 관계를 비유한 걸로 보아 어쩌면 그 시절에도 엄마는 아이에게 이렇게 했나 보다. 엄마라는 존재의 어쩔 수 없는 한계를 보여주는 것 같기도 해서 씁쓸하긴 하다.

그런데 누군가 게에 대해 이렇게 말한다. 게의 눈은 앞에 달려있어 보는 건 똑바로 잘 본다고. 그러니 똑바로 걸으라는 어미 게의 훈계도 잘못된 것이 아니고, 아이 게의 반박도 잘못된 것이 아니라는 말도 한다. 그렇다면 중요한 건 자신의 말과 행동을 통찰하고 무엇이 잘못되어 있나 살펴보는 일이 아닐까? 요즘은 이 이야기의 끝 부분이 종종 마음속에 맴돈다.

> 새끼 게의 말을 듣고 어미 게는 새끼에게 똑바로 걷는 것을 보여주려고 노력했다. 하지만 그녀는 똑바로 걸을 수가 없었다. 결국 그녀는 아이를 더 이상 꾸짖을 수가 없었다.

어미 게는 성찰할 줄 아는 눈을 가진 것 같기도 하다. 자신의 허물을 알지 못하는 상징으로 어미 게를 말하지만, 한번 아이를 다그치기 시작하면 멈추지 못하는 엄마는 어미 게보다 못하다는 생각도 자주 든다. 엄마가 자신의 행동이 아이에게 어찌 보이는지 알지도 못한 채 아이를 끝까지 나무라고 "다음부턴 엄마 말대로 해. 알았지?"라며 엄마 말이 절대 진리라는 걸 못 박고서야 끝내니 말이다.

어미 게는 실수한다. 그리고 자신의 실수를 잘 통찰한다. 그래서 멈추었다.

혼을 내지 않고 지적하지 않고 아이를 키우기는 어렵다. 하지만 잘못되었다고 깨닫는다면 멈추어야 한다. 어미 게만큼이라도 멈출 수 있으면 좋겠다.

밤늦게까지 아이가 보는 것

아이는 하루 종일 엄마를 바라본다. 혼자 놀고 있을 때조차 아이는 엄마가 나를 보는지 안 보는지 온몸으로 느낄 뿐만 아니라, 엄마가 나를 보는지 안 보는지 확인하기 위해 하루 종일 엄마를 지켜본다. 그리고 이렇게 속으로 말한다.

'엄마, 저를 똑바로 가르치려거든 먼저 엄마부터 똑바로 걸어보세요. 제가 보고 따라하게요. 혹시 엄마가 똑바로 못 걸어도 흉보지는 않을게요. 다만, 못하는 건 못한다고 인정해주세요. 그러면 저도 제대로 걸으려 노력할 마음이 생길 거예요.'

동생이 둘인 초등학교 2학년 아이가 엄마의 사랑을 늘 그리워한다. 동생들을 보살피느라 엄마가 자신을 바라봐 줄 여유가 없는 것을 머리로는 알지만, 아홉 살밖에 안 된 그 아이도 자신의 마음을 어쩔 수 없는지라 엄마가 원망스럽고 동생이 밉기만 하다.

그러던 어느 날 엄마가 두 동생을 아빠한테 맡기고 아이만 따로 데리고 산책을 하자며 나간다. 마트에 들러 아이가 좋아하는 아이스크림을 사서 들고 기분 좋게 산책을 시작한다. 그리고 이런 말을 전한다.

"엄마가 마음 써주지 못해서 미안해. 하지만 엄마는 늘 너를 바라보고 있어. 말은 다 하지 못하지만 엄마 마음을 알아주었으면 좋겠어. 네가 속상해도 자기 할 일 잘하고, 때때로 동생 보살피는 일도 도와줘서 너무 고마워. 동생이 둘이나 되니 네가 얼마나 힘들겠니? 엄마가 너한테 신경 못쓰는 것 같지만 그렇지 않아. 엄마는 늘 널 보고 있어. 너한테 말해줄 틈이 없는 것뿐이야. 사랑해."

아이는 이날 엄마가 해준 말이 마치 오아시스 같은 느낌이었다. 사는 게 재미가 없을 참이었는데 엄마 말이 마치 하늘에서 내려온 튼튼한 동아줄 같은 느낌이었다. 그 후로 아이는 한동안 잘 지냈다.

하지만 또 어느 순간부터 아이의 외로운 마음이 쌓여가더니 그 마음을 해소할 방법을 몰라 동생을 괴롭히고, 학교생활을 엉망으로 만들기 시작했다. 엄마는 할 수 없이 아이를 데리고 상담실에 찾아왔다. 아이와 이야기를 나누며, 엄마가 너를 사랑하며 지켜보고 있다는 말을 해주니 아이가 절대 아니라며 말한다.

"아니에요. 우리 엄마는 동생들만 사랑해요. 난 없어도 괜찮아요."

"왜 그런 생각을 하게 되었어?"

"엄마는 하루 종일 저를 볼 때가 한 번도 없어요, 잔소리할 때도 동생들 보면서 한단 말이에요. 전에는 친구가 내 얼굴 꼬집어서 피가 날 뻔했는데도 엄마는 알지도 못했어요. 난 없어져도 상관없을 거예요."

엄마한테 왜 말하지 않았냐고 물으니 말해봤자 자기만 잘못했다고 할 게 뻔하단다. 말해봤자 더 잔소리만 들으니 아예 말을 안 하게 된 것이다. 이러니 어린 마음에 상처가 썩어갈 수밖에 없다. 이렇게 어린 아이가 자신이 없어지는 게 낫다는 생각을 하니 얼마나 힘들었을까? 엄마가 조금 무심할 수는 있지만 절대 사랑하지 않는 건 아니라고 말해 주었다. 그러자 아이가 다시 힘주어 말한다.

"지난 일요일에도 엄마가 나 보나 안 보나 보려고 하루 종일 엄마만 쳐다봤는데, 엄마는 한 번도 나 안 봤어요."

'어떻게 엄마가 하루 종일 아이를 한 번도 보지 않을 수가 있을까? 여기까지만 들으면 엄마가 특별히 아이를 미워하는 이유가 있지 않을까?' 하는 의심이 든다. 하지만 그렇지 않다. 아이를 보기는 보되 아이의 눈을 맞추고 이야기하지 않은 까닭이다. 엄마는 머릿속에 일이 너무 많아 그냥 할 말만 한 것이다. 가끔 얼굴을 보며 말을 해도 아이는 자신을 보고 있다는 느낌이 들지 않았던 것이다.

엄마는 몰랐다고 말했다. 아이의 눈길이 오로지 자신에게로 향해 있는 걸 알아차릴 겨를이 없었다. 두 동생만 보살피는 게 아니라 시어머니도 함께 살고 있어 신경 쓰고 해야 할 일이 여간 많은 게 아니기 때문이다. 그리고 엄마는 방심했다. 전에 산책 가서 아이에게 충분히 위로해주었기 때문에 엄마는 아이가 자신을 이해해줄 거라 생각했단다. 그 일은 있은 지 벌써 3개월이나 지났는데도 마치 엄마는 그렇게 한번 마음 써줬으니 이제 아이가 잘 자랄 거라 믿어버린 것이다.

이 아이는 이제 9살밖에 되지 않았다. 옆집에서 누군가 9살 아이를 울리면 어린애를 왜 저렇게 심하게 혼내는지 혀를 끌끌 차면서도 내가 아이를 어찌 대하고 있는지 알아차리기 어려운 게 엄마다.

하루 종일, 밤늦게까지 아이가 바라보고 있는 건 엄마의 눈길이다. 물론 TV 보고 게임하고 노는 시간도 많다. 하지만 그동안에도 아이 마음의 눈이 보고 있는 건 엄마다. 엄마가 나를 어떤 눈으로 보고 있는지 마음의 눈은 다 보고 있다.

"넌 어느 게 더 좋니?"라고 물어봐야 했다

어떤 엄마가 심각하게 질문한다. 아이에게 꿈을 찾아주고 싶은데 아이가 하고 싶은 게 없단다. 뭘 물어도 "관심 없다" 하고 이것저것 시켜 봐도 시큰둥하다고 한다. 진로가 중요하다고 하는데 어찌해야 할지 모르겠다며 수심이 가득하다. 과연 아이는 처음부터 이렇게 관심도 의욕도 없었을까? 절대 그렇지 않다.

그림이 하나 있다. 개가 달려가는데 한 아이가 줄에 묶여 개 뒤에 끌려가고 있다. 엄마는 이 그림을 보면 '아프겠다. 다치겠다'고 느낀다. 아이들은? '재미있겠다'고 느낀다. 그림을 보며 재밌겠다며 웃는 아이에게 엄마가 말한다. 그런 걸 보고 왜 재미있어 하느냐고.

감각과 느낌을 다르게 느끼라고 말한다고 해서 다르게 느낄 수 있을까? 감정이나 감각을 다르게 느끼게 하는 건 어렵다. 그런데도 엄마는 아이를 잘 키우겠다는 일념으로 아이의 감각과 느낌을 무시하고 그렇게 느끼지 말라고 말한다.

참 말이 안 되는 말이다. 재미있는데 재미없게 느끼라 하고, 재미없는데 재미있게 느끼라고 한다. 이렇게 말도 안 되는 말만 아이에게 하다 보면 아이는 더 이상 엄마의 말에 의미를 두지 않는다. 눈치를 살피고 엄마가 안 보는 틈을 타서 자신이 재미있는 것으로 눈길을 돌린다. 엄마 몰래 아이가 뭔가를 시작하는 이유이다.

아이의 눈길이 머물고 거기서 웃음을 짓는다면 아이에게 물어야 할 때다.

"어느 게 더 좋니?"

아이가 무엇을 보고 미소 짓는지 물어야 한다. 그렇지 않으면 엄마는 또 자기 짐작대로 판단해 버린다. 함께 길을 가다가 갑자기 멈추고 아이가 엄마에게 말한다.

"엄마, 저것 좀 봐!"

엄마는 길가의 개똥을 보고 아이가 더러워서 그러는 줄 안다.

"괜찮아. 이쪽으로 피해 가면 돼."

"아니, 엄마. 저 개똥, 민들레 옆에 갖다 줘야 하는데."

《강아지 똥》을 읽은 아이는 개똥이 민들레 옆에 있어야 비가 오면 민들레

속으로 스며들어 예쁜 꽃을 피울 거라 생각한다. 엄마는 기겁을 하고 아이는 비닐장갑을 찾는다. 정작 책을 읽어준 건 엄마인데, 엄마는 그게 현실과 잘 연결이 안 된다.

아이가 말하면 이제 "왜?"라고 물어야 한다. "도대체 왜!"가 아니라 진짜 아이의 마음을 알기 위한 질문이어야 한다. 어떤 게 좋은지, 왜 좋은지, 그래서 뭘 하고 싶은지 물어보는 게 중요하다. 아이의 눈길이 가는 것은 그 모든 이야기가 다 들어 있기 때문이다.

아이가 꿈이 없어 고민이라는 엄마는 어쩌면 아이의 눈길이 가는 곳을 알아차리지 못한 것 같다. 처음부터 궁금증이 없는 아이는 없다. 관심과 호기심이 없는 아이도 없다. 여러 가지 이유로 그런 것에 더 이상 관심을 갖지 않게 된 것뿐이다. 자신도 모르게 눈길이 가는 곳이 있지만 엄마가 마음에 들어 하지 않으니 그냥 관심을 접어버린 것이다. 그리곤 더 이상 내 마음이 갈 곳을 잃어버린 것이다.

구더기에게 눈길을 준 아이

아이들은 의외로 엄마 마음에 드는 정답을 말하려 애를 쓴다. 순한 기질을 타고난 아이일수록 더 그렇다. 종종 "엄마가 좋은 대로 해요"라는 말을 듣는다.

아이가 엄마 표정을 보고 마음을 읽은 것이다. 아이는 엄마의 얼굴을 보고 마음을 헤아리는데, 엄마는 자신이 원하는 답을 하는 아이가 좋으니 알아차리지 못하고 아이 말에만 충실하다. 그래놓고 나중엔 왜 솔직하게 말하지 않았냐고 아이를 오히려 다그친다.

5살 아이가 주머니 속에서 소중하게 꺼내 손가락에 올려놓고 엄마에게 보여주고 싶어 한 것은 갓 태어난 구더기였다. 엄마는 기겁을 하고 비명이 나오려 했지만 입을 막고 참았다. "엄마, 귀엽지?"라며 귀여운 걸 발견해서 엄마에게 보여주고 싶어 하는 아이의 눈동자를 보았기 때문이다. 제대로 대답도 못하고 "어~" 하며 얼버무렸지만 아이의 눈을 통해 다시 구더기를 바라보니 귀여울 수 있겠다 싶은 생각이 들기 시작했다. 선입견을 내려놓고 아이의 눈으로 보니 난생 처음 그럴 수도 있다는 생각이 들었다. 아이의 눈으로 보는 일이 이런 거구나 싶었다. 하지만 이후로도 엄마는 벌레가 너무 싫었고, 아이는 그런 엄마의 눈치를 살피기 시작했다.

2학년이 되어 비 온 다음 날 엄마와 길을 걷다 보도블록 위에서 지렁이를 발견했다. 둘이 함께 지렁이를 뛰어넘어 걸어간다. 아이는 계속 뒤를 돌아본다.

"왜?"

"엄마 없었으면 내가 저 지렁이 풀밭으로 넣어줄 텐데."

엄마는 대답도 안 하고 그냥 아이의 손을 끌었다. 그렇게 아이의 눈길 하나를 막아버렸다. 만약 그때 아이의 눈길을 막지 않고 소중히 키워주었더라면 아이는 지금쯤 곤충을 연구하고 있을 지도 모를 일이다.

틈만 나면 친구 머리를 만지며 멋진 헤어디자이너가 되기를 바라는 3학년 여자아이가 있다. 그 아이의 눈에는 머리를 예쁘게 손질하는 일이 세상에서 가장 멋진 일이다. 그리고 세상에서 가장 유명한 헤어디자이너로 일하는 자신의 모습을 상상한다. 하지만 엄마 눈에는 동네 미용실의 미용사로만 생각되어 아이의 꿈이 탐탁치가 않다.

이제 아이가 무엇을 보고 있는지 잘 알아차리면 좋겠다. 잘 모르겠으면 뭐가 좋은지 물어보자. 그리고 그게 왜 좋은지도 물어보자. 그래서 뭘 하고 싶은지도 물어보자. 하루 종일 지하철 그림을 그리고 지하철 이야기만 들려주는 아이도 있고, 로봇 박사가 되고 싶은 아이는 로봇에 관한 이야기를 할 때만 두 눈을 반짝인다. 그 아이들이 세상과 소통하고 자신을 찾는 일은 어쩌면 바로 그 일에서 시작될 거다.

아이의 눈길이 이미 방향을 잡고 있는데 엄마는 그게 보이지 않는다. 아니, 보이긴 하지만 마음에 들지 않기에 못 본 척하기도 한다. 다시 한 번 생각해 본다. 아이의 눈길이 머무는 곳에서 아이의 삶의 길이 시작되는 건 아닐까? 아이를 키우는 동안 수없이 아이의 눈길을 막아버렸다. 늦었지만 지금이라도 아이의 눈길 가는 곳에 새로운 길이 만들어지도록 도와주고 싶다.

여섯 번째 깨달음

아이가 날마다
무엇을 배우는지
알았더라면

나는 '바담 풍' 해도 너는 '바람 풍' 해라

옛날, 어느 서당에 혀 짧은 훈장선생님이 '바람 풍' 자를 가리키며 "바담 풍" 하자

아이들은 들은 대로 "바담 풍" 했습니다.

이에 훈장은 다시 "아니, 아니 바담 풍" 하자

아이들은 역시 들은 대로 또 "바담 풍"을 따라 했답니다.

"나는 '바담 풍' 해도 너는 '바람 풍' 해라"는 속담은 자신은 제대로 못하면서 남에게는 바르게 하라고 요구하는 걸 빗대어 풍자하는 말이다. 이 말을 듣고 찔리지 않는 부모는 없을 듯하다. 자신의 부족함을 알지만 그러니 더 제대로 하라고 목청 높여 소리칠 수밖에 없기 때문이다.

훈장님 입장에서 생각해보자. '바람 풍'을 가르치고 싶었던 훈장님은 아무리 애를 써도 '바담 풍'만 외칠 수밖에 없었으니 얼마나 속상했을까? 아무리 반복해서 외쳐 봐도 자신의 입에선 '바담 풍'밖에 안 나오고 아이들은 그런 자신을 따라하니 속이 터질 노릇이다. 아마 그래서 자신이 못하는 모습을 아이에게서 발견하면 그렇게 싫은가 보다.

남의 일일 때는 '바담 풍' 하는 훈장님을 실컷 비웃을 수 있다. 하지만 엄마로 살다보니 이 훈장님의 모습을 비아냥거릴 배짱은 없어진다. 그 마음이 이해가 되고 어쩔 수 없음이 안타까워진다. 얼마나 제대로 가르치고 싶었을까 생각

하니 그냥 생각 없이 웃어 넘겨지지가 않는다.

부모만큼 자식이 자신과 다르기를 바라는 존재가 또 있을까? 자신의 삶이 마음에 들지 않았기에 사랑하는 나의 아이는 자신과 다르게 살기를 바란다. 자신의 많은 잘못된 습관과 성격 때문에 힘든 삶을 살고 있기에 더더욱 자신과 달라야 한다고 강조한다. 그러기에 자식으로 하여금 그 잘못이 반복되지 않기를 바라는 마음이 더 간절하다.

이럴 땐 어떻게 하면 좋을까. 아무리 애를 써도 '바담 풍'밖에 못할 땐 어떻게 하면 좋을까? 별 뾰족한 방법이 생각나지 않는다. 아마도 그래서 아이들 교육을 모두 사교육에 맡기게 되나 보다. 하지만 그런다고 해서 아이가 제대로 배울 수 있을까? 뭔가 제대로 가르치려고 힘들게 번 돈을 퍼다 쓰고 있지만 그만큼의 효과를 얻는다고 자신 있게 말하는 사람은 별로 없다. 다만 내가 못하니 그렇게라도 부모 노릇을 하는 것을 자위하고 있는 건 아닌지 모르겠다.

하지만 정작 그래서 아이가 배우게 되는 건 '내가 못하면 스스로 노력하지 말고 남에게 돈 주고 맡기라'는 것만 배우는 건 아닐까? 이런 것만 배우고 있을까봐 걱정된다. 다른 방법은 없을까? 다시 한 번 생각해 보고 싶다. 점점 아이를 키우는 일이 돈 없으면 안 된다는 생각이 강해지는 것도 그런 이유가 아닌가 생각이 든다. 여전히 아이들은 돈이나 사교육보다 엄마, 아빠의 직접적인 상호작용이 더 큰 영향을 미친다.

하지만 지금은 옛날이 아니다. 목청 높여 '바람 풍'을 외칠 사람이 엄마만 있는 것도 아니다. 엄마가 못하면 아빠가 들려주면 될 일이고, 엄마와 아빠가

다 못하면 제대로 하는 주변 사람에게 부탁해 녹음해서 아이에게 들려주면 되지 않을까? 그 정도의 노력도 안 해보고 남에게 맡겨 버리는 건 오히려 더 치명적인 걸 아이에게 가르치는 결과를 가져 온다.

엄마가 아이의 눈을 바라보며 말을 걸고 이야기를 들려주는 것, 함께 놀면서 웃는 것이 더 중요하다. 아이는 엄마가 잘하기만을 바라지 않는다. 그냥 엄마가 친절하게 가르치면 된다. 혹시 엄마가 잘 못하는 건 싹 빼도 된다. '바람 풍'이 어렵다면 쉽게 할 수 있는 다른 것을 가르치면 어떨까? 하늘, 땅, 산, 바다, 강 등 아이에게 가르칠 수 있는 건 무척 많다. 자신이 잘 못하는 것에 매달려 아이가 무엇을 배우고 있는지도 모른 채 아이만 탓하거나, 돈에 기대어 해결할 생각을 한다면 아이가 배우는 건 2가지다.

'나는 제대로 못하는 아이, 안 되면 돈으로 해결하기.'

"엄마가 혀가 짧아 발음이 안 좋구나. 아빠 목소리를 녹음했으니 잘 따라해보자. 엄마랑 같이 연습해보자."

이렇게 한다면 아이가 배우게 되는 것은 뭘까? 정작 아이가 배우는 것은 엄마가 그것을 해결하는 방식이다. 자신의 허물을 성숙하게 인정하고, 주변의 도움을 요청하고, 새로운 방식으로 여전히 아이와 함께 즐거운 마음으로 노력하고 방법을 찾아가는 엄마의 성숙함이다. 우리 아이가 '바람 풍'보다 더 중요한 걸 배우고 있음을 기억해야 한다.

나는 재수가 없어요. 나는 머리가 나빠요

상담실에 온 아이들의 입을 통해 듣는 말들이 때로는 너무 충격적이다.

"나는 재수가 없어요. 나는 머리가 나빠요. 내가 그렇죠, 뭐."

"나는 해봤자 안되요. 전부 나 때문이에요. 나만 없어지면 돼요."

아이들이 자신에 대해 하는 말이다. 초등학생이든 중학생이든 일상에서 뭔가 문제가 생기는 아이들의 마음을 들여다보면 이렇게 자신에 대해 치명적이고 부정적인 자아상을 가지고 있다. 자신이 재수가 없다고, 머리가 나쁘다고, 노력해봤자 결과는 뻔하다고, 주변의 나쁜 일들이 모두 자기 때문이고, 자신만 없어지면 된다고 생각한다. 정말 말이 안 된다. 어쩌다 이런 생각들이 아이의 마음을 다 차지하게 되었을까?

아이를 키운 시간들을 되돌아보면 이상하게 내가 잘못한 기억부터 떠오른다. 내가 홧김에 충동적으로 불쑥 내뱉은 말이 다시 부메랑이 되어 돌아와 내 가슴을 후벼 판다. 그러면서 아이가 나의 마음을 이해해주기를, 부디 그 말들이 상처가 되지 않기를, 묻어두면 저절로 사라지기를 바랄 뿐이다. 그 말을 끄집어내어 다시 대화를 나눌 용기는 없다.

나는 아이에게 "병신같이"라는 말을 했었다. 다 컸다고 생각했는데 사소한 서류 처리를 제대로 하지 못한 아이에게 화가 치밀어 나도 모르게 뱉은 말이다. 아이가 대학생이 되고 나서의 일이었지만 그 말을 뱉는 순간에도 '내가 어떻게 이런 말을 하지?'라는 생각이 들었다.

하지만 입 밖으로 나온 말을 어찌 할 수는 없었다. 평소에 거의 쓰지 않는 말인데 왜 화가 난 순간 사랑하는 아이에게 이런 말을 내뱉고 있는지 나 스스로도 이해가 되지 않았다. 한 번 뱉은 말이라 쉬워졌는지 그 다음에도 또 튀어나왔다. 이제 아이가 이렇게 반응한다.

"내가 하는 일이 그렇지 뭐."

이 말을 듣고서야 절대 안하겠다고 다짐했다. 무사히 자라준 것에 대한 감사함은 잊어버리고 이제 처음 성인이 되어 처리하는 일인데, 이제 처음 사회를 배워나가는데, 실수하는 게 당연한데 왜 엄마 마음은 이리 앞서서 달려가는 것일까? 성인이 된 아이의 엄마 역할에 대해 고민해보지 않았다는 것을 깨달았다.

"수업을 들을 땐 미리 예습을 하고 가서 들어야 선생님 말이 귀에 들어오지. 수업 듣고 나면 집에 와서 세 번은 복습을 해야지. 그리고 시험을 볼 땐 공책 정리해 둔 걸 세 번 이상 보고 시험을 봐야지. 어떻게 공부도 제대로 안 하고 시험을 볼 수가 있어? 응?"

중·고등학교 시절 시험 볼 때마다 들었던 엄마의 잔소리이다. 엄마는 정말 그렇게 공부하셨단다. 엄마를 보면 정말 그렇게 하셨을 것 같다. 그렇게 하지 못하는 나는 성실하지 못한 자신이 너무 싫었다. 도저히 그렇게 못하니 상대적인 주눅감만 더 심해졌다. 뭐라 대꾸할 말도 없었고, 그냥 땅속으로 꺼지고만 싶었다. 아무리 애를 써도 그렇게 되지 않는 나 자신을 구박하는 도리밖에 없었다.

안타깝고 죄송하지만 엄마의 말씀을 통해 배우지는 못했다. 지금도 미리 준비하고 계획하는 삶이 아니라 즉흥적이고 충동적인 성격대로 살고 있다. 그래도 약간의 성실함은 있어 약속해 둔 일은 지키려 애를 쓰는 정도로 체면 유지만 하며 살고 있다. 여전히 마음은 있어도 실천하지 못하는 많은 일들에 대해 나 자신이 부족하고 한심한 생각이 가장 먼저 든다. 엄마의 잔소리에 의해 형성된 나의 자동적 사고는 나 자신을 하찮게 여기고, 주눅 들게 만들고, 차라리 아무것도 하지 말라고 유혹한다. 해봤자 잔소리 듣고, 지적당할게 뻔하니 차라리 아무것도 안 하는 게 안전하다는 생각이 든다.

'잔소리 듣는다고 그런 습관이 들 수 있다면 세상에 누가 그렇게 못할까? 그렇게 잘할 수 있도록 키웠어야 되는 거 아냐?'라는 원망을 가질 법도 한데 그런 생각은 꿈에도 하지 못했다. 그냥 '내가 부족해서, 내가 모자라서, 내가 노력 안 해서'라는 생각밖에 들지 않았다. 그러니 뭘 해도 제대로 해내는 게 없고, 자신을 아낄 줄도 모르고 자존감은 바닥을 칠 수밖에 없었다. 벌써 약 40년 전의 기억인데도 이렇게 생생하다. 이런 나를 추스르며 다독거리며 살아가는 게 버겁게 느껴질 때가 많다.

공부 이딴 거 왜 있어?

네이버 지식인에서 몇 단어를 검색해 보면 우리 아이들이 어떤 것 때문에 고민하고 있는지 쉽게 파악할 수 있다. '엄마, 아빠, 친구, 선생님, 공부' 등 아이의 생활에서 중요한 역할을 하는 단어와 '때문에'라는 단어를 함께 넣어 '엄마 때문에, 아빠 때문에, 선생님 때문에, 친구 때문에, 공부 때문에'를 검색해보자. 우리 아이들의 걸러지지 않은 속마음이 처절하게 드러나 있다.

이 중 '공부 때문에'를 검색해보자. 아이들은 공부에 대해 어떤 생각과 고민을 갖고 있을까?

"공부 때문에 힘들어요. 스트레스 받아요. 미치겠어요. 우울해요. 불안해요. 죽고 싶어요."

이렇게 말하고 고민을 올려놓은 게시글 수가 200만 개가 훌쩍 넘고 있다. 아이들은 왜 공부라는 것을 이렇게까지 힘들어 할까? 찬란한 미래를 위해 대한민국에서 가장 필수적인 조건은 공부를 잘하는 일이라 가르친다. 잘하기를 바란다면 아이가 즐겁게 할 수 있도록 가르쳐야 하는 것 아닐까? '뛰는 놈, 나는 놈, 노는 놈' 중에서 '노는 놈'이 가장 잘한다는데 아이들에게 공부란 무조건 열심히 뛰는 것이라고만 가르친다. 달리다 무릎이 깨져도 계속 달려야 하고, 옆에 친구가 넘어져도 도와주지 말고 달리라 한다. 숨이 턱에 차올라도 호흡기를 달고서라도 달려야 한다고 다그치기만 한다. 도대체 그 끝에 뭐가 있기에 이 모든 고통을 감내하고 해야 한다고 말하고 있는가. 아이들이 하는 말이다.

"공부가 뭐길래 엄마, 아빠한테 혼나야 되고 맞아야 하죠?"

"뒤지게 혼나봐야 정신을 차리겠냐고 협박당했어요. 왜 내가 이런 말을 듣고 살아야 해요?"

"맨날 공부! 공부! 하는 엄마, 아빠가 정말 싫어요. 그냥 죽고 싶어요."

"시험 날이면 제발 맹장이라도 터졌으면 좋겠어요."

"제가 공부에서 희망을 가질 수 있는 그런 날이 올까요?"

엄마로 사는 시간의 대부분을 아이 공부를 위해 희생한다. 꼬물거리며 주던 대로 받아먹기만 하던 아기가 다 자라 성인이 될 때까지의 그 황금 같은 시간 동안 아이의 눈부신 성장을 기뻐하고 행복해할 틈도 없이 공부 때문에 정신을 못 차리고 있다. 학교에 다녀온 후 학원에 데려다 주느라 운전하며 오후를 다 보내야 하고, 숙제를 봐주고, 시험공부도 시켜야 한다. 시험이 틀리면 왜 그렇게 쉬운 걸 또 틀리냐고 혼내서 더 열심히 하게 만들어야 한다.

이렇게 힘든 과정을 통해 아이가 공부 잘하기를 바라지만, 이 모든 과정에서 아이가 배우는 건 '공부 그딴 거 없어져 버렸으면 좋겠다'는 사실이다. 엄마의 바람과는 전혀 반대로 '공부는 재미없다', '공부 없는 세상에서 살고 싶다'는 아이의 외침만 메아리처럼 들려온다.

인간이 즐거움의 욕구를 채우는 방법은 크게 2가지이다. 정서적 즐거움과 인지적 즐거움. 이 중 공부는 인지적 즐거움에 해당한다. 아무리 아이가 지금 잘한다 해도, 하나를 가르치면 열을 깨치는 아이라 해도 아이 스스로 공부와 배움이 즐겁지 않다고 느낀다면 아이의 삶에서 공부는 '가까이 하기엔 너무 먼 당신'이 되어 버린다.

수학을 잘하는 아이들에게 물어보면 수학이 재미있단다. 영어를 잘하는 아이들에게 물어보면 영어로 자신이 무엇을 할 수 있는지 자랑한다. 이 아이들이 잘하는 이유는 좋아하고 즐겁기 때문이다. 그래서 더 잘하게 되고, 잘하게 되면 더 재미를 느낀다. 이렇게 선순환되어 가는 것이다.

부디 우리 아이가 '공부란 재미없는 것, 나를 괴롭히는 것, 세상에서 없어져버리길 바라는 것'이 되지 말기를 바란다. 공부에 그렇게 많은 돈과 에너지와 엄마의 삶까지 투자하고 있는데, 정작 우리 아이가 배우는 건 이런 것이면 너무 허탈하지 않는가? 조금 더디게 가도 공부가 재미있다는 것을 배운 아이들이 천리길을 가게 된다. 쉬엄쉬엄 가더라도 끝까지 포기하지 않고 자신의 길을 만들며 가게 된다.

엄마가 '바람 풍' 해도 아이가 '바담 풍' 한다면

엄마는 제대로 가르치는데 아이가 잘 따라하지 못하는 경우가 가장 답답하다. 물론 진짜 엄마가 '바람 풍'이라 제대로 보여주고 가르쳤는지 반성하는 일이 우선이다. 엄마는 제대로 가르쳤으나 아이가 잘 따라하지 못한다고 느껴진다면 이제 보다 전문적인 접근이 필요할 때이다.

아이가 배운 것을 잘 이해하지 못한다면 반복해서 말해주자. 여러 번 설명해도 이해를 못한다면 아이의 아둔함을 탓하기 전에 설명하는 방법이 아이에게 잘 맞았는지 점검하면 좋겠다. 우리 아이의 개성에 맞는 방법을 찾아주는 역할은 엄마 말고 더 잘할 수 있는 사람이 없을 것 같다.

초등학교 2학년 아이들과 자신이 좋아하는 것들을 종이카드에 10개씩 쓰게 했다. 모두 모아서 주머니에 넣고 차례를 정해 4개씩 뽑는다. 거기에 나온 단어로 마음대로 문장을 만들기로 했다. 다른 아이들과도 똑같이 해봤는데 할 때마다 재미가 있었던 성공적인 방법이라 좋은 반응을 기대하며 시작했다.

하지만 늘 느끼는 거지만 아이들은 한 해 한 해 달라진다. 작년 2학년 아이들과 올해 2학년 아이들이 또 다르다. 개성 강한 남자아이들 4명이 자신이 좋아하는 게임이나 자동차 등에 관한 단어들만 썼다. 영어를 일찍부터 배워 영어로 쓴 카드도 여러 장이다. 그런 단어들이 뽑히자 다른 아이들은 짜증을 내며 불평을 말한다. 그 단어들은 빼자고 요구하고, 그걸 쓴 아이들은 왜 빼냐며 다투기 시작한다. 순식간에 내가 상상한 장면은 사라지고 아수라장이 되어버린다.

순간 고민이 되기 시작했다. 1분 동안 놀 시간을 주고 이 상황을 어떻게 마무리하고 빨리 아이들의 관심을 끌 다른 방법이 뭐가 있을지 생각했다. 아이들이 소리 지르고 돌아다니며 거의 난장판이 되었다. 그 모습을 보며 고민하는데 한 아이가 말한다.

"선생님, 우리 보고 말로는 잘한다 잘한다 하지만, 속으론 못한다 못한다 생각하시는 거죠?"

초등학교 2학년 아이가 어른들 마음속에 들어갔다 온 것 같다. 말로만 하는 칭찬, 의도를 가진 칭찬, 자신을 조종하기 위한 칭찬을 하도 많이 들었던 탓인가 보다. 하지만 나는 진심으로 이렇게 말해 주었다.

"아니야. 못한다고 생각하는 게 아니야."

"근데 표정이 왜 그래요?"

"난 너희가 재미있게 할 수 있을 거라 기대했는데 선생님 계획대로 되지 않았어. 너희가 못한다고 생각하는 게 아니라 선생님이 너희들에 대해 이해가 부족했던 것 같아. 지금 어떻게 하면 너희가 좀 더 재미있게 할 수 있을 지 고민하는 거야."

"에이, 못 믿겠는데."

"선생님이 2차 계획을 미리 세웠어야 했는데 그러지 못해서 미안해. 너희들한테 좋은 방법을 찾아내는 게 선생님 의무야."

이렇게 말하니 아이의 표정이 밝아진다. 문제가 생기면 아이들은 늘 자신들이 잘못했다고 생각했나 보다. 아이들은 그렇다. 이 상황에서 과연 선생님의 계획대로 잘 따르지 않은 아이들이 잘못한 걸까? 아니면 아이들에게 맞는 계획을 세우지 못한 선생님의 잘못일까?

대부분 어른들은 아이들을 가르치기 위해 계획을 세운다. 아이가 그 계획을 잘 따르지 않으면 아이에게 문제가 있다고 생각한다. 절대 그렇지 않다. 학교라면 어쩔 수 없을 거다. 약 30명의 제각각 다른 개성을 가진 아이들이니 학교 선생님의 방식에 맞는 아이도 있고 맞지 않는 아이도 있을 것이다. 하지만 엄마는 내 아이만 신경 쓰면 된다. 우리 아이에게 맞는 방법이 어떤 건지 찾지도 않고 아이가 잘못한다고 하소연하는 경우가 대부분이다.

책을 읽어도 아무 대화 없이 읽어주기를 원하는 아이도 있고, 10초에 한 번씩 삼천포로 빠져서 이야기하고 싶어 하는 아이도 있다. 하루에 3장씩 날마다 공부하는 게 맞는 아이도 있고, 일주일에 한번 몰아서 공부하기를 더 좋아하는 아이도 있다. 엄마는 '바람 풍' 했는데 아이가 '바담 풍'이라고 하는 경우라면 '바람 풍'을 꼭 먼저 가르쳐야 할까? 아이가 잘 따라할 수 있는 다른 글자부터 가르치면 어떨까? 그래야만 아이는 좀 재미가 없어도 열심히 참여하려 애쓴다.

발달장애아를 가진 어떤 엄마가 아이를 가르치는 데 3년째 숫자 17을 넘어가지 못하고 있단다. 제발 100까지라도 아이가 배웠으면 좋겠단다.

"선생님, 어떻게 하면 가르칠 수 있을까요?"

"아이가 슈퍼에 혼자 다닐 수 있나요? 10원, 50원 100원, 1000원 그리고 만 원짜리 지폐를 구분하나요?"

"확실하게 계산은 못하지만, 구분하고 어느 정도 계산은 해요."

"그러면 차라리 돈으로 숫자 계산을 가르치면 되지 않을까요?"

그녀의 눈이 휘둥그레진다. 숫자를 가르칠 때 돈으로 가르치면 쉽게 이해한다는 기본적인 사실조차 생각해내지 못할 만큼 엄마 마음에 여유가 없었나 보다.

상황에 빠져 있으면 이렇게 쉽고 간단한 방법조차도 떠올리기가 어렵게 된다. 그러니 차 한잔 마시며 여유를 가지고 나의 생활을 돌아보는 일도 중요할 것 같다. 죽자고 '바담 풍'만 외치지 말고 살짝 비켜나서 더 잘할 수 있는 걸을 찾아보자. 더 쉽고 잘되는 방법도 찾아보자. 우리 아이가 날마다 배우고 있는 게 무엇인지 생각해 보면서.

일곱 번째 깨달음

아이의 몸을 더 많이 토닥여 주었더라면

엄마, 어젯밤에 뭐한 거야?

아이가 초등학교 1학년 때쯤 밤새 아팠다. 감기도 잘 걸리지 않던 아이가 열이 나고 칭얼대고 보챈다. 약을 먹였지만 여전히 괴로운지 잠을 못 잔다. 덩치가 컸지만 업어서 어르고 달래가며 겨우 잠을 재웠다. 그래도 아이는 또 잠을 깨서 괴로워한다. 할 수 있는 방법이 없었다. 약 기운으로 열은 좀 내려갔지만 괴롭기는 마찬가지인가 보다. 한참을 업고 서성대다 너무 힘이 들어 다시 아이를 눕힌다. 가만히 두면 잠도 들지 않을 것 같아 손으로 부드럽게 아이의 배를 마사지하기 시작했다. 천천히 마사지 속도에 맞춰 흥얼흥얼 노래도 불렀다. 엄마가 불안해하면 아이가 더 아파할 것 같았다. 엄마가 든든한 모습을 보여주는 게 좋겠다는 생각이 들었다.

엄마 손은 약속, 울 아기 배는 똥배
엄마 손은 천하무적, 아픈 놈 다 물리친다
엄마 손은 약손, 울 아기 배는 황금배
물러가라 물러가라 아픈 거 다 물러가라

이렇게 노래 부르며 마사지하고 장단에 맞춰 몸도 흔들흔들했다. 그 장단에 맞추어 호흡하니 엄마가 먼저 몸과 마음이 편안해진다. 계속 노래를 불러가며 마사지했다. 노래 가사는 생각나는 대로 바꿔가며 불렀다. 아이의 호흡도 편안해지고 쌔근쌔근 잠들기 시작한다. 혹시나 잠이 다시 깰까봐 아이가 잠들고도 한참 동안 마사지하며 노래를 불러주었다. 다음 날 아침 다 나은 듯한 개운한 얼굴로 잠에서 깬 아이는 엄마에게 묻는다.

"엄마, 어젯밤에 뭐한 거야?"

"응?"

"점점 신기하게 안 아파져서 뭘 했는지 궁금해."

그 말을 듣고 내가 더 신기했다. 그냥 막연히 스킨십이 아이에게 좋다는 것은 알았지만 그게 무엇이었는지 질문까지 하다니 말이다. 아이가 신기한 비법을 사용한 걸로 상상했다는 사실이 재미있었다.

내가 큰 아이를 출산할 당시의 기억이 떠오른다.

"제발 허리 좀 만져 주세요."

분만 통증으로 고통스러울 때 간호사에게 한 부탁이다. 나는 배가 아니라 허리로 통증이 왔다. 허리를 틀어 아이를 낳은 엄마들은 '허리가 잘려나가는 듯하다'는 표현들을 많이 쓴다. 견딜 수 없는 고통으로 괴로운 순간 내가 바란 것은 나의 아픈 허리를 마사지해 주는 것이었다. 통증이 올 때마다 제발 한번만 허리 좀 문질러 달라고 몇 번 더 부탁했다. 하지만 그 시절 간호사는 냉정했다. 하루 종일 소리 질러대는 산모들 틈에서 누군가를 마사지해 줄 여력은 없었을 게다.

'분만 대기실에 남편이 함께 들어오지 못하게 하고선 부탁도 한번 들어주지 않다니!'

단 한번만이라도 마사지를 해주었으면 지금 아마도 감사의 글을 쓰고 있을 것이다. 남편이 옆에서 손을 잡아주고 마사지해 주는 요즘의 출산 문화가 참 다행이다 싶다. 그때 스킨십에 대한 간절함을 생생하게 기억한다.

요즘 가끔 허리가 아파올 때도 그 시간이 기억난다. 아마도 그때 받지 못한 스킨십에 한이 들었나 보다. 내 몸이 그 시간의 스킨십에 대한 간절함과 원망을 기억하는 것 같다. 얼굴도 기억나지 않는 그 간호사가 아직도 밉다. 하물며 어른인 내가 그런데, 엄마의 부드러운 손길이 부족한 아이의 암묵적 기억 속에는 얼마나 큰 원망과 아쉬움이 들어 있을지. 무심코 아이에게 해준 '엄마 손은 약손의 기억'이 아이가 밝고 부드러운 성품으로 자라는 데 한몫하는 것 같아 나름 뿌듯하다.

아이에게 스킨십이 중요한 이유

Q 아이를 양육하는 기술 중 아래의 조건을 모두 만족하는 양육 기술은 무엇일까요?

- 스트레스를 줄여주고 정서 발달을 도와준다.
- 불안감을 줄여주고, 정서가 안정되고 자신감을 얻는다.
- 숙면을 도와준다.
- 면역력을 길러준다.
- 사회성이 발달한다.
- 뇌 발달에 좋은 영향을 미치고 머리가 좋아진다.
- 지적 호기심을 유발하여 인지 발달에 효과적이다.
- 부족하면 두뇌에 심각한 손상이 생길 수 있다.

짐작하겠지만 정답은 '스킨십'이다. 아이를 키우는데 있어 이렇게 다양한 효과를 보여주는 양육방법이 또 있을까 싶은 생각이 든다. 스킨십이란 피부와 피부의 접촉에서 생기는 애정이나 감정적 교류, 의사소통을 뜻하는 말이다. 아이에게 부모가 해주는 스킨십의 효과에 대해서는 이미 수많은 연구결과와 서적을 통해 잘 알려져 있다. 그래도 다시 한 번 정리해보자.

1940년대 교도소 재소자의 아이를 돌보는 국립병원 의사 르네 스피츠 박사는 아이들을 위생적인 환경에서 넉넉히 먹이고 양육함에도 불구하고 유아사망률이 높은 사실에 놀랐다. 충분한 음식을 제공하고 위생상태도 청결히 유지했지만 1/3가량의 아이들이 첫해를 넘기지 못하고 죽었고 남은 아이들도 신체적 정신적 발달이 지연되었다.

그러던 중 스피츠 박사가 멕시코로 겨울 휴가를 갔을 때 휴양지 근처의 보육기관에서 예기치 않은 발견을 하였다. 그 보육기관의 위생상태와 영양상태는 형편없었지만, 아이들은 건강상태도 좋았고 울지도 않고 잘 놀았다. 박사는 몇 달 동안 머물면서 그 이유를 살펴보았다. 이웃 마을의 여자들이 종종 찾아와 아이를 안아주고 이야기를 들려주고 노래를 불러주었던 것이다. 환경과 상황이 좋지 않음에도 불구하고 스킨십에서 얻는 심리적 안도감과 애정이 아이들의 면역을 강화시켜 주었던 것이다.

그가 다시 자신의 병원으로 돌아와 아이들과의 피부 접촉을 늘렸더니 아이들이 훨씬 더 건강하게 자랐다고 한다. 이로써 스킨십과 정서적 결핍감이 아이의 신체적 성장뿐 아니라 정서적 미성숙, 그리고 인지 발달의 둔화 및 목숨을 위협하는 심각한 현상임이 입증되었다.

1958년 미국의 심리학자 해리 할로우는 어미로부터 떼어낸 아기 원숭이를 두 가짜 엄마가 있는 우리로 옮겨 실험했다. 하나는 철사로 만든 딱딱하고 차가운 원숭이모형엄마, 다른 하나는 털로 감싸 놓아 부드럽고 따뜻한 원숭이모형엄마이다. 할로우는 두 엄마에게 각각 우유병이 있는 경우와 없는 경우를 설정한 후, 아기 원숭이가 어디로 가는지 살펴보았다. 아기 원숭이는 털 엄마에게는 우유병 유무와 상관없이 달려가서 안겼다. 반면, 철사 엄마에게는 우유병이 있을 때에만 다가갔다. 게다가 아기 원숭이를 놀라게 해서 겁을 주자 아기 원숭이는 털 엄마에게 달려가서 안겼다. 또 낯선 환경으로 옮기면 아기 원숭이는 안정이 될 때까지 털 엄마에게서 떨어지지 않으려 했다. 이는 생애 초기의 부모-자녀 관계에서 중요한 것은 따뜻한 접촉과 위안임을 강하게 시사하는 결과였다.

'캥거루 마더 케어'도 있다. 콜롬비아의 신생아 집중실에서 미숙아의 엄마들이 인큐베이터에 있는 아기를 보려 병실 앞을 끊임없이 서성대자 이 모습을 안쓰럽게 여긴 의사가 아기를 치료실에서 데려와 엄마 가슴 위에 올려 안고 있게 했다. 마치 캥거루가 주머니 안에 새끼를 품듯 엄마가 아기를 꼭 끌어안고 토닥토닥 등을 쓰다듬고 심장소리를 듣게 했다. 그러자 놀랍게도 엄마의 손길을 받은 미숙아들이 인큐베이터에 있던 아이들보다 평균 40% 이상의 체중 증가를 보이며 건강하게 자라났다.

엄마의 맨살이 닿은 스킨십이 아이의 정서적 안정뿐 아니라 몸도 건강하게 만든 이유는 사랑의 호르몬이라고 불리는 '옥시토신'의 분비를 촉진하기 때문이다. 옥시토신은 아기의 체온 유지, 정서 안정을 도와준다. 또한 스트레스 호르몬에 강한 저항성을 가지며, 심혈관계 질환을 예방하고 진통 효과, 상처 치유 능력 향상, 면역력 증강 등의 효과가 있다. 우리나라의 서울대병원에서도 미숙아들에게 열흘간 하루 세 번씩의 마사지를 해줬더니 체중이 빨리 늘고 스트레스 유발 호르몬이 줄었다고 보고하였다.

이렇게 어린 아이에게 스킨십의 중요성을 보고하는 연구는 정말 많다. 아이에게 스킨십은 태아기부터 제공된 중요한 생명활동이다. 엄마 배 속에 있는 40주 동안 양수의 흔들림은 끊임없이 아기의 피부를 자극하는 스킨십이었다. 오랫동안 양수의 부드럽고 기분 좋은 스킨십과 엄마 몸속에서 안정감을 느끼던 아기가 출생 후 갑자기 엄마의 손길에서 멀어진다는 건 충격적인 경험이 아닐까? 이 사실만 생각해 보아도 엄마가 포근하게 안아주고 쓰다듬어주는 것이 왜 중요한지 쉽게 알 수 있다. 아이에게 무엇을 더 해줄까 고민하며 교육정보를 찾는 일보다 먼저 우리 아이를 안아주고 토닥여 주는 스킨십을 더 해주면 좋겠다.

똑똑한 아이로 자라길 바란다면 꼭 스킨십을

스킨십에 관한 최초의 연구라 할 수 있는 이야기가 있다. 13세기 신성로마제국의 황제 프레드릭 2세의 '아기 실험'이다.

> 인간이 환경의 영향을 전혀 받지 않았을 때 어떤 말을 하는지 궁금했던 그는 갓 태어난 아기들을 부모로부터 빼앗아 수녀원에서 자라게 했다. 또한 수녀들에게는 아기들에게 절대 말도 건네지 말고, 만져서도 안 되며, 우유만 주어 키우라고 명령했다.
>
> 이렇게 성장한 아기들이 최초로 한 말은 무슨 말일까? 아이들은 결국 한마디도 말을 하지 못했고 말을 할 나이가 되기도 전에 모두 죽었다. 이 결과를 통해 알게 된 중요한 사실은 인간은 누군가가 애정을 가지고 말을 걸어 주고 얼러 주고 만져 주고 토닥여 주지 않으면 살아남지 못한다는 것이다.
>
> -《그것은 뇌다》 중에서

25년 전에 읽었던 육아서에도 스킨십의 중요성을 다룬 글이 있었다. 당시에는 스킨십이 아이의 정서적 안정감만 주는 것이 아니라 인지 발달에도 큰 영향을 준다는 사실을 제대로 알지 못했었다.

지금도 기억나는 내용은 마른 수건으로 아기의 맨몸을 부드럽게 마사지해주면 두뇌 발달에 좋다는 내용이었다. 시키는 대로 한두 번은 해봤다. 하지만 당장 눈에 띄게 아이의 인지 기능이 나아지는 것도 아니기에 그러다 말았다. 별로 신뢰하기 어려웠던 이유는 아무도 강조해주지 않았기 때문인 것 같다. 방송에서 심도 있게 다루어 주거나, 다른 책에서 더 짚어 주지도 않았던 것 같다. 우연히 도서관에서 빌려 본 영재교육에 관련된 책에서 보았고 그런 극성은 떨고 싶지 않다는 생각에 멈추었다.

다만 바빠도 자주 안아주시던 엄마, 기분 좋을 땐 잘 놀아주시던 아버지 그리고 늘 가까이 살았던 이모가 하시던 대로 보고 느끼며 배운 게 있어 아이 몸을 주물러 주고 쭉쭉 펴주고 '엄마 손은 약손'도 종종 했었다. 이렇게 중요한 줄 알았더라면 정말 열심히 해줄걸 하는 후회가 든다. 그나마 스킨십이 풍부했던 환경 덕에 나도 아이를 안아주고 토닥여 주는 일을 소홀히 하지는 않았다는 사실에 위안받는다.

아이들 상담을 하면서 중간 중간 나의 성격적 기질이 아이의 마음을 알아차리고 위로하고 공감하는 데 큰 도움이 된다는 생각을 할 때가 많다. 하지만 이렇게 과거를 탐색하다 보면 이 또한 양육에 의해 형성되었을 거라는 확신이 강해진다.

스킨십이 아이의 두뇌와 인지 발달에 도움이 된다는 연구들도 무척 많다. 영국의 정신분석가 도널드 위니콧은 아이가 엄마와의 피부 접촉을 통해 외부 세계가 있음을 비로소 깨닫는다고 했다. 태어나서 아이는 자신의 존재를 인식하지 못한 채 여전히 엄마와 한 몸이라 생각한다. 그러다 살을 부비고 체온을 느끼면서 차츰 외부세계가 있다는 사실과 자아의 존재를 알게 되기 시작한다. 아이들은 촉각을 통해 세계를 탐색해간다.

어미가 키운 침팬지와 어미 없이 혼자 자란 침팬지의 차이를 발견한 실험이 있다. 어릴 적 스킨십을 받은 침팬지는 주위에 새로운 물건이 있으면 호기심을 갖고 달려들지만, 그렇지 않은 침팬지는 관심을 보이지 않는다. 결국 스킨십을 많이 받은 아이들이 새로운 걸 보았을 때 '알고 싶다'는 지적 호기심을 갖게 된다는 의미이다.

어릴 적 충분한 스킨십이 없는 아이들은 두뇌에 심각한 손상이 생긴다는 증거도 발견되었다. 1990년대 독재 치하의 루마니아에서 수천 명의 아이들이 인간 창고라 불리는 고아원에 수용되어 있었다. 사람의 손길을 거의 받지 못했고 영양상태도 아주 나빴다. 이 아이들을 대상으로 검사를 하자 뇌 전체에 걸쳐 활동이 현저하게 줄었다는 결과가 나왔다. 스킨십이 없으면 정서 발달에만 부정적인 영향을 미치는 것이 아니라, 기억과 언어를 담당하는 부위도 제대로 발달하기가 어렵다는 사실이 밝혀진 것이다.

전문가들은 '피부는 제2의 두뇌'라 말한다. 피부와 뇌는 한 형제라는 말도 있다. 갓난아이의 감각운동은 대뇌 피질에서 집중적으로 이루어지는데 여기에 가장 큰 영향을 미치는 것이 바로 피부이다. 피부를 자극하면 뇌에서 반응을 보이는 이유는 피부에는 무수한 신경세포가 분포되어 있기 때문이다. 피부 마사지를 두뇌 마사지라 부를 만큼 서로 섬세한 회로로 연결되어 있어 서로 끊임없이 정보를 주고받으며 뇌를 자극한다. 이를 통해 갓난아기 때부터 피부를 마사지해 주는 일이 아이의 뇌를 발달시켜 인지적 발달에도 큰 영향을 준다는 사실을 쉽게 알 수 있다. 지속적인 스킨십이 아이의 인지 능력과 환경에 대한 적응력, 주변 사람들과의 친밀한 관계를 맺는 데도 좋은 영향을 주는 것이다.

스킨십을 하는 동안 아이의 눈빛과 표정을 보자. 충분한 스킨십을 받은 아이의 입가엔 만족스러운 미소가 피어나고 여유롭게 세상을 바라보게 된다. 안정적이고 뭔가 생각하는 눈빛이다. 책을 읽어도 더 잘 집중하고 그림을 그려도 몰입해서 그린다. 아이가 성장하고 있다.

너무 어린 시기에 학습지를 시작하는 경우가 많아지고 있다. 아이를 똑똑하고 공부 잘하는 아이로 키우고 싶은 엄마의 간절함은 당연한 거겠지만, 엄마가 방법을 잘못 알아서 공부를 싫어하는 아이로 만들게 되는 건 아닌지 걱정된다.

아이가 잠든 밤에 인터넷에 매달려 '우리 아기가 이럴 땐 어떻게 하나요?' 라며 지식인에게 물어보고 파워 육아 블로그를 탐방하는 시간에 아이 몸을 쓸어주고 조용히 이야기를 들려주는 것이 더 효과적일 것 같다. 우리 아이가 다시 어린 아기로 돌아간다면 하루 종일 몸을 쓰다듬고 주물러주고 토닥이며 아이 눈을 바라보며 이야기 나누고 싶다.

스킨십의 마법은 부모에게도 통한다

그렇지 않아도 너무 많은 육아일에 스킨십까지 더하는 게 부담스러울 수도 있겠다. 하지만 다른 육아방법과는 달리 스킨십에는 아주 중요한 사실이 숨어 있다. 스킨십의 훌륭함은 거기에 머물지 않는다는 점이다.

스킨십의 신기한 효과는 엄마의 마음도 똑같은 영향을 받는다는 사실이다. 엄마가 아이에게 해주는 것이니 아이만 영향을 받을 거라 오해할 수 있다. 하지만 생각해보자. 아기 피부가 엄마를 자극하고 엄마를 스킨십해 주고 있지 않은가. 엄마 손으로 아이를 만져 주는 동안 아이의 피부가 엄마 손을 만져 주게 되는 것이다. 엄마가 아이의 얼굴에 빰을 비비면 동시에 아이의 부드럽고 포동포동한 빰이 엄마를 비비고 있는 것이다. 온몸으로 안아주면 더 좋은 이유는 엄마만 아이를 안아주고 있는 게 아니라 아이가 엄마를 안아주고 있기 때문이다. 아기로부터 받는 사랑은 그동안 속에 쌓인 삶의 앙금이 씻겨 내려갈 만큼 강력하다.

"스킨십은 영혼 없이 기계적으로 해도 괜찮다. 굳이 억지로 눈을 맞추려 애쓰지 않아도 된다. 부드럽게 미소 지으며 말을 걸려고 노력하지 않아도 된다."

이렇게 말하면 사람들은 눈을 크게 뜨고 그게 무슨 말이냐고 항의한다. 엄마가 아기에게 해주는 일은 뭐든 정성으로 마음을 담아서 해야 하는 거 아니냐고 따진다.

그런데 잠깐! 이렇게 말하는 이유가 있다. 스킨십의 마법은 아이에게만 통하는 것이 아니라 스킨십을 해주는 엄마에게도 스킨십의 효과가 나타나기 때문이다. 스킨십을 무성의하게 해도 괜찮다고 하는 이유는 마법같이 저절로 정성을 들이게 되기 때문이다. 진짜 그런지 궁금하면 한번 시도해보자. 기분이 우울할 때 아이의 손을 잡고 주물러보자. 팔도 문질러보자. 등을 토닥이고 뺨을 비비기까지만 해보자.

화가 난다고 아이를 밀쳐놓지 말고 조금만 힘을 내서 아이의 손을 잡기만 하자. 나도 모르게 마음이 편안해지고 마음속 갈등이 서서히 다른 모습으로 느껴지기 시작한다. 눈을 맞추려 애쓰지 않아도 저절로 눈을 맞추고 있고, 말을 걸지 않으려 해도 나도 모르게 아기에게 말을 걸고 있다. 그러니 아이의 피부와 접촉하는 행동만 하면 된다. 시작할 정도의 마음만 있으면 서로에게 스킨십을 하게 되니 엄마도 아이도 앞에서 말한 그 좋은 효과를 모두 얻을 수 있다는 의미다. 나는 억지로 애쓰기보다 저절로 되는 것이 가장 좋다.

스킨십을 하다 보면 엄마도 불안감이 줄어들고 정서가 안정되며 자신감을 얻는다. 스트레스가 줄게 되고 사회성도 발달한다. 특히 아기 엄마들의 사회성은 정말 눈부시다. 모르는 남에게 다가가 말도 잘 걸고, 친구 사귀기도 정말 잘한다. 남을 도와주는 일도 잘 나서고 도움 요청도 잘한다. 아기를 위해서라면 옳은 일에 앞장서는 일도 정말 잘한다. 예전에 없던 사회성이 아기로 인해 훌쩍 성장한 것이다.

"사랑해. 우리 소중한 아이, 즐겁고 신나게 자라야 돼. 네가 있어 엄마도 행복해. 힘든 일은 썩 물러가게 될 거야!"

혹시 뭔가 말하고 싶은데 무슨 말을 해야 할지 모른다면 이런 말도 좋겠다. 좋은 말은 좋은 기운을 불러일으켜 좋은 일을 만든다. 이렇게 말하고 나면 엄마 마음속 깊은 곳에서 숨어있던 에너지가 꿈틀거리기 시작한다. 속상한 일, 슬픈 일, 괴로운 일을 감당해낼 힘이 생긴다. 진짜 그렇다. 못 믿겠으면 꼭 한번 해보면 좋겠다. 아이가 크고 나면 가장 그리운 것 중에 하나는 아이의 포동포동한 손과 빰을 만져 보는 일이다.

여덟 번째 깨달음

아이가 더 많이
웃게 할 수 있었더라면

욕심쟁이 거인을 추억하며

오랫동안 집을 비운 거인의 정원에서 아이들이 뛰어 놀고 있습니다. 거인의 정원은 꽃과 나무로 가득했고, 푸른 잔디가 양탄자처럼 깔려 있었습니다. 항상 아이들의 웃음과 노랫소리가 끊이지 않았어요. 그러던 중 여행을 마친 거인이 돌아왔습니다. 거인은 자신의 정원에서 놀던 아이들을 무섭게 혼내서 쫓아내었습니다. 정원 주변에 높은 담을 쌓고 이렇게 써 붙였어요.

〈경고: 내 정원에 들어오는 사람은 큰 벌을 받을 것임〉

아이들은 더 이상 정원에서 놀 수가 없게 되었지요. 겨울이 지나고 다시 봄이 되어 온 세상은 다시 예쁜 꽃이 피고 새들은 지저귀었습니다. 하지만 욕심쟁이 거인의 정원은 여전히 겨울만 계속 되었습니다. 1년 내내 자신의 정원만 겨울이 계속되자 거인도 속이 상합니다. 예쁜 꽃이 핀 정원을 그리워합니다. 하지만 높은 담을 허물 생각은 전혀 하지 못합니다.

그러던 어느 날, 거인은 창 너머로 들려오는 아름다운 새소리와 좋은 향기에 잠을 깼습니다. 거인은 태어나서 처음으로 세상에서 가장 아름다운 모습을 보았습니다. 담벼락의 작은 구멍 사이로 아이들이 기어들어와 나뭇가지마다 앉아 있습니다. 아이들이 다시 돌아오자 나무들은 활짝 꽃을 피우고 기분 좋게 한들거렸습니다. 세상에 이보다 더 아름다운 광경이 또 있을까요?

거인은 너무나 기뻤습니다. 하지만 정원 한쪽 구석은 아직도 겨울이었습니다. 그

구석에는 작은 사내아이가 울고 서 있습니다. 너무 작아 나무 위로 올라가지 못하고 울기만 하고 있었지요. 거인은 뭔가에 끌린 듯 아이에게로 다가갔습니다. 조심스럽게 아이를 붙잡아 나무 위에 올려줍니다.

거인이 소년을 나무 위에 올려주자 나무에는 꽃망울이 피어나고 새들도 즐겁게 노래하기 시작했습니다. 거인은 높은 담을 허물고 팻말도 떼어버리고 문도 활짝 열었습니다.

"얘들아, 이 정원은 이제 너희들 거야."

거인의 정원에는 다시 봄이 찾아왔고, 아이들은 거인과 함께 날마다 신나게 놀았습니다. 거인은 정원도 아름답지만 그중에서 가장 아름다운 것은 아이들이라고 생각했습니다. 그런데 거인이 나무 위로 올려 주었던 그 소년은 나타나지 않았습니다. 거인은 그 소년이 그리웠습니다. 세월이 흘러가고 거인도 늙어 갔지만 여전히 그 소년을 볼 수는 없었습니다.

어느 추운 겨울날 아침, 창밖을 내다 본 거인은 깜짝 놀랐습니다. 정원 한 구석에 있는 나무에 꽃이 가득 피어 있었습니다. 소년을 올려 주었던 바로 그 나무였습니다. 나무 아래에는 그토록 그리워했던 소년이 그때 모습 그대로 서 있었습니다. 거인은 너무 기뻐서 한달음에 달려갔지요. 아이의 손을 잡고 안아주려는 순간 소년의 손과 발의 상처를 발견했습니다. 누가 이런 몹쓸 짓을 했는지 혼내주겠다며 화를 내는 거인에게 소년은 부드러운 미소를 보냅니다.

소년은 아이들을 사랑한 거인을 하늘에 있는 자신의 아름다운 정원으로 초대합니다. 그날 오후, 거인의 정원으로 놀러 온 아이들은 하얀 꽃이 가득 핀 나무 아래에서 숨을 거둔 거인을 발견했습니다. 그의 얼굴은 행복하게 미소 짓고 있었습니다. —오스카 와일드, 《용심쟁이 거인》 중에서

거인은 마음을 바꾸었지만

어릴 적 몇 번이고 반복해서 이 글을 읽었다. 내가 살던 동네는 집들이 다닥다닥 붙은 산 중턱의 동네라 정원도 없었고 꽃을 보기도 어려웠다. 그 와중에 아름다운 정원에서 신나게 노는 아이들을 상상하는 건 정말 행복한 일이었다. 이야기 속의 아이들 모습이 내가 상상하는 최고의 모습이 되었다. 나도 아이였지만 아이들의 놀이와 웃음소리가 얼마나 소중한지 알게 된 것도 이 이야기 덕분이었다.

엄마가 되어 아이들을 키울 때 이런 곳에서 놀게 해주기는 어려웠다. 다만, 아이들을 사랑하게 된 거인의 마음처럼 아이들이 즐겁고 행복하게 놀게 하려고 노력은 했다. 아이들이 거인의 정원처럼 놀 수 있는 놀이터는 이제 많아졌다. 하지만 그 놀이터에 아이들은 별로 없다. 놀이터가 곳곳마다 있지만 그곳에서 노는 아이를 찾는 일은 쉽지 않다. 혹시라도 노는 아이를 발견해도 그 아이의 얼굴에서는 밝은 웃음보다는 혼자 노는 외로움과 곧 놀이 시간이 끝나고 엄마가 와서 데려갈 거라는 조바심이 서려 있다. 그런 아이의 얼굴에 진짜 놀

이에서 나오는 웃음을 찾아보기는 어렵다. 아이에게 놀이를 되찾아 주려 주말마다 놀이를 찾아다니기도 하지만 바로 우리가 사는 동네에서 옆집 아이들과 함께 놀아야 진짜 놀이가 된다. 그래야 함께 노는 아이들과의 재잘거림 속에서 티 없이 맑은 웃음소리를 들을 수 있다. 그런 웃음을 만나는 일은 이제 아주 특별한 일이 되어 버렸다.

거인은 마음을 바꾸어 자신의 정원을 활짝 열고 아이들을 받아들였다. 나무 위에 올라가 꿈을 꾸며 행복하게 웃는 아이 웃음소리가 얼마나 아름답고 소중한지 알게 되었다. 그런데 우리는 지금 그런 마음으로 아이를 키우고 있을까? 그 소중함을 알았던 사람들조차도 이젠 잊어버렸나 보다. 나무 위에 올라가는 아이들을 찾기는커녕 놀이터에 머무르는 시간도 아까워서 언제 집에 갈 거냐고 아이를 독촉한다.

거인은 아이들을 마음으로 받아들이고 그 아이들과 함께 행복하게 놀면서 세상을 아름답게 했다. 하지만 거인의 변신에서 아무것도 배우지 못한 엄마들은 욕심쟁이였던 거인보다 더 심하게 아이들을 놀지 못하게 한다. 엄마 마음 속의 담벼락이 거인네 정원보다 더 높은 게 아닌지 모르겠다.

아이의 행복한 놀이를 지켜주려 애쓰는 엄마도 불안하긴 마찬가지이다. '이렇게 아무 생각 없이 놀아도 되나?' 하는 생각에 아이의 웃음을 바라보며 즐기기가 어렵다. '해야 하는 것'과 '하면 안 되는 것' 사이를 오가며 줄타기를 하는 아이들은 이제 스스로도 그 줄에서 떨어지면 모든 게 끝날까봐 두렵고 불안하다. 놀아도 노는 게 온전히 즐겁지 못해 웃음도 색깔이 변해 간다. 아이의 웃음이 거리낌 없이 활짝 핀 웃음이 되게 해야 한다. 공부시키려는 노력의 십분의 일만 놀도록 허락해도 아이들은 웃기 시작한다. 아이들은 마음껏 신나게 심장이 쿵쾅거리고, 숨이 끊어질 것 같은 느낌으로 웃어야 한다.

갈등이 웃음을 만날 때

동생 형이 카드 내 거 가져갔잖아.

형 내가 언제? 네가 나한테 준 거잖아.

동생 내가 언제 줬어? 형이 억지로 가져갔지. 이 도둑놈아!

형 뭐, 내가 왜 도둑이야? 이 사기꾼아!

형제 둘이 싸움이 났다. 숙제하라고 방에 들여보내놨더니 어느새 엄마 몰래 카드놀이를 하다 이제 서로 카드를 가져갔다며 싸우기 시작한다. 엄마가 제일 싫어하는 말들을 내뱉으며 몸싸움까지 벌이려 한다. 한번 싸움이 붙으니, 엄마한테 혼날 일은 생각이 나지도 않나 보다. 그냥 서로 목청 높여 싸우기 시작한다. 곧 서로 때릴 기세이다.

당연히 엄마는 두 아이의 싸움을 말리고 화해하도록 했다. 하지만 두 아이 모두 화해할 생각이 전혀 없다. 엄마의 말에도 입만 부루퉁하다. 둘의 주장이 서로 달라 엄마가 도와줄 수가 없으니 둘이 해결할 때까지 카드만 엄마가 압수했다. 이제 두 아이는 서로 때문에 카드만 빼앗겼다고 째려보고 소리 나지 않게 입을 삐쭉거리며 상대를 비난한다.

계속 냉랭한 두 아이를 어떻게 화해시켜야 할지 걱정이다. 엄마는 이러다 하루 종일 기분 나쁘게 지내야 할 것 같아 어떻게든 화해시키고 싶다. 지금까지 하루에도 몇 번씩 싸우는 아이들에게 여러 가지 방법을 시도해 봤다. 같이 TV도 보게 하고, 간식도 먹게 하고, 게임도 시켜 줬다. 별 효과가 없었다. 엄마가 각자의 마음을 읽어주고, 공감해주면 나아질 때도 있지만 싸울 때마다 그렇게 해주는 건 너무 힘든 일이었다.

엄마가 작은 아이디어를 생각해냈다. 아이들 방의 옷장 속에 옷을 덜어내고 둘이 같이 들어가게 했다. 들어가서 5분 동안 나오지 말고 생각하라고 했다. 옷을 밀치고 둘이 들어가면서 실랑이를 한다. 서로 비좁다며 밀어라 당기라 한다. 그러다 곧 한 명이 웃음이 나오기 시작한다. 들어가 자리를 잡고 앉더니 "엄마, 문 닫아주세요" 한다. 이미 목소리에서 화가 빠지고 없다. 문을 닫고 밖에 서 있으니 아이들의 말소리가 들린다.

"형, 옛날에도 옷장에 숨었던 거 기억나?"

"응, 너 그때 혼자 숨었을 때 내가 일부러 안 찾았는데 그것도 모르고 너 계속 숨어 있었어."

"나, 그러다 잠들었다며."

"응, 나도 그런 적 있어. 엄마가 그랬어."

"키키 재밌다. 이거 벌 서는 건데 벌 같지가 않아."

어느새 두 아이가 함께 웃고 있다. 웃장의 효과일까? 웃음의 효과일까? 웃장이라는 공간의 특별함 덕분에 웃음이 유발되었다. 웃장 덕분에 웃게 되었지만 더 핵심은 웃었다는 사실이다. 결국 어디에서 무얼 하든 함께 웃는 웃음이 터져 나오면 성공이다.

같이 웃으면 갈등이 사라진다. 갈등을 해결하는 가장 좋은 방법 중의 하나가 같이 웃는 일이다. "형이 동생한테 양보해야지, 동생은 형 말을 잘 들어야지 그러면 되겠어?" 이런 말 수백 번 해도 소용없다. 아이들도 무엇이 옳은지 잘 안다.

그냥 카드를 갖고 싶어서, 동생 골탕 먹이려고, 혹은 심심해서 동생을 울리고 싶기도 하다. 요즘 아이들, 일상이 재미없고 버겁기만 할 때 누군가와 싸우는 경우가 많다. 바로 그런 순간 아이에게 필요한 건 웃음이다. 웃음이 가장 쉽게 서로에게 공감하도록 도와주는 방법이다.

잘 생각해보면 이미 우리는 웃음의 힘을 알고 있다. 낯선 공간에서도 누군가와 함께 웃으면 마음의 벽이 사라지기 시작한다. 겁날 때도 웃고 나면 겁이 안 나기 시작한다. 우울할 때 누군가와 함께 웃으면 우울함도 사라지고 다시 일상을 살아갈 힘이 생겨난다. 이렇게 잘 알고 있지만 돈도 들지 않고, 특별한 장치도 없고, 복잡한 사용법도 없기에 오히려 우리가 중요성을 잊은 채 살고 있는 건 아닐까? 웃는 얼굴, 그중에서도 아이의 웃는 얼굴은 세상에서 가장 아름답다.

아이 얼굴에 다시 미소를

"난 형제가 없어서 얼마나 억울한데요. 다 나한테만 신경 쓰니까. 형제가 있으면 나눠졌을 텐데. 나한테만 기대하고, 그래서 조금만 못해도 나만 맨날 혼나니까. 하루 종일 재미있는 게 하나도 없어요. 누구 한 명이라도 있으면 놀기라도 할 텐데."

외동인 4학년 남자 아이가 맞벌이하는 엄마에게 하소연하는 말이다. 형제가 없어서 좋은 점은 하나도 없고 나쁜 점만 너무 많다고 하소연한다. 아이는 형제가 없어 부모의 기대가 자신에게 쏠리는 걸 걱정한다고 말을 시작했지만, 진짜 바라는 건 친구들과 좀 더 놀게 해주거나 뭔가 재미있는 일이 있기를 바라는 것이었다. 그래서 아이는 이런 문제를 해결하는 수단으로 강아지라도 사달라고 요구하기로 했다. 하루는 아이가 크게 결심하고 엄마와 담판을 짓기로 마음먹는다. 하지만 엄마는 지금 상황에서 강아지를 키우는 일은 엄두가 나지 않는다.

아이 엄마, 형제도 없는데 강아지라도 키우게 허락해 주세요.

엄마 강아지를 어떻게 키우니? 엄마가 강아지까지 돌볼 수가 없어.

아이 제가 키울게요. 밥도 주고 똥오줌도 제가 다 치울게요.

엄마 강아지가 있으면 털 때문에 얼마나 안 좋은데. 청소도 훨씬 더 자주 해야 된단 말이야. 냄새는 또 어쩌고.

아이 청소도 제가 할게요. 네?

엄마 만약 강아지를 키우면 낮에는 혼자 있어야 하는데 그러면 강아지도 우울증 걸린대.

아이 엄만 왜 강아지 우울증만 걱정해요? 난 미치겠다고요. 맨날 혼자만 있어야 되잖아요.

엄마는 강아지를 키우면 병원비를 포함해서 돈도 많이 든다는 사실까지 말하고 싶었지만, 아이가 막판에 소리를 지르는 바람에 멈추었다. 그리고 자신이 지금 10살밖에 되지 않은 아이에게 비즈니스 하듯이 논리만 따지고 있었다는 생각이 들었다. 소중한 내 아이가 혼자서 엄마 없는 시간을 보내기가 너무 힘드니 대책 좀 세워달라고 요청하는데 엄마는 아이 마음도 모르고 강아지는 안 된다는 말만 하고 있다는 사실을 깨달았다. 아이에게 미안했다.

엄마 미안해. 엄마가 네 마음을 몰라줬구나. 강아지가 그렇게 키우고 싶었어?

아이 네.

엄마 강아지가 있으면 뭐가 좋을 것 같아?

아이 얘기도 하고, 무슨 얘기를 해도 뒤탈이 없잖아요.

엄마 또?

아이 강아지가 있으면 핑계 삼아 산책도 나갈 수 있잖아요.

엄마 산책이 하고 싶었구나.

아이 혼자 돌아다니면 사람들이 이상하게 보잖아요.

엄마 친구랑 놀면 되잖아.

아이 놀 친구가 어딨어요? 전부 다 학원 갔는데. 학원 끝나면 다 바빠서 놀 시간도 없는데.

엄마 네가 그래서 강아지가 키우고 싶었구나. 엄마가 몰랐네. 그런데 어쩌지?

아이 괜찮아요. 할 수 없죠.

아이 마음을 조금 물어봐 주기만 했는데 아이는 어느새 마음을 접고 있다. 아마 이런 이야기라도 엄마와 나누고 싶었던 것 같다. 이런 얘기를 속 시원히 못하고 사니 어린 아이 마음이 어떨지 마음이 애잔해진다. 엄마는 아이가 좀 더 커서 강아지를 돌볼 수 있는 나이가 되면 사주어야겠다는 생각을 하고 아이에게 묻는다.

엄마 우리, 언제쯤이면 강아지를 키울 수 있을까?

아이 글쎄요?

엄마 네가 몇 살이 되면 네 말대로 똥오줌도 다 치우고 목욕도 시킬 수 있을 것 같아?

아이 글쎄요. 아마 내가 장가갈 때쯤?

이 말에 엄마와 아이 둘이 함께 웃기 시작했다. 혼자서 부모의 기대가 부담스럽고, 외롭다고 외치던 아이가 엄마와 이야기를 나누고 웃음으로 마무리 짓고 나니 마음이 후련하고 해진 것 같다. 웃고 나니 다시 아이의 얼굴이 환해진다.

학자들이 말하는 웃음의 효과가 그대로 나타난다. 학자들은 웃을 때 가장 활발하게 반응하는 뇌 부위가 전두엽 하단부라고 했다. 웃으면 머리가 더 잘 돌아간다는 말이다. 웃을 때 우리 몸은 병균을 막는 항체가 200배나 증가한다는 사실도 알아냈다. 웃음이 질병에 대한 면역력과 스트레스를 이겨내는 힘을 강하게 해준다는 말이다.

게다가 엄마와 아이가 함께 웃으면 서로에게 심리적 안정감도 주고, 친밀감도 높여준다. 아이도 힘을 내어 마음속 갈등을 견뎌낼 수 있게 된다. 웃음으로 이야기가 마무리되면 그 다음 아이는 조금 더 성장한다.

아이를 키우며 가장 괴로운 일 중의 하나는 화내고 속상해 하는 아이를 보는 일이다. 마음속 아픔을 말로 표현하지 못하고 멍하니 허공을 바라보는 아이의 얼굴이다. 그 아이의 얼굴에 다시 미소를 찾아줄 수 있다면 무엇이든 할 수 있을 것 같은 생각이 든다.

아홉 번째 깨달음

친구와 행복하게
놀 시간을 많이 만들어
주었더라면

~하고 놀 사람, 여기 여기 붙어라

"○○야, 노올자~"로 기억하는 동네 놀이의 추억은 유년기 기억 중 행복한 기억의 대부분을 차지한다. 뭔가를 보고 미소를 지을 때를 생각해보면 그 시절 친구들과 재미있게 놀았던 기억과 맞닿아 있다. 놀이는 어린 아이가 세상을 살아가는 이유가 되었고, 아이들이 동네에서 잘 놀고 있었기에 부모들도 팍팍한 시절을 보내면서도 견뎌낼 수 있었던 게 아닌가 하는 생각도 해본다.

집에서 밥 먹고 조금 뒹굴다 심심해지면 놀러 나간다. 친구가 한 명이라도 나타나면 넌지시 다가가 "~하고 놀 사람, 여기 여기 붙어라"라고 노래를 부르기 시작한다. 친구를 모으는 '공식 노래' 덕분에 친구에게 먼저 인사할 줄 모르는 숫기 없는 아이들도 친구를 모으기가 어렵지 않았다. 말 걸기는 어렵지만 노래 부르기는 쉬웠다. 그래서 아주 작은 용기를 내어 엄지손가락을 들고선 작게 소리내기만 하면 된다. 어슬렁거리며 친구들 사이를 오가면 나와 같은 생각을 가진 아이가 꼭 있었다. 혹시 한 명도 없어도 실망하지만 않으면 된다. 내가 원하는 놀이에 관심 있는 친구가 없다는 것도 알게 되고, 내가 마음을 바꾸어 다른 친구의 놀이에 참가하는 용기도 배우게 된다.

참가하는 방법은 지금처럼 친구가 내 이름을 불러주기를 기다리는 게 아니다. 누군가 친구 모으기 노래를 불러주기를 기다리면 된다. 먼저 노래를 부르지 못할 만큼 수줍음이 많은 아이도 어려울 게 없었다. 분명 얼마 지나지 않아 누군가 나타나서 그 노래를 부를 것이고 거기에 가까이 가서 슬그머니 친구의 엄지손가락을 잡고서 나의 엄지손가락을 올리기만 하면 된다. 내 손 위아래로 친구들 손이 포개지는 느낌은 참 기분 좋다. 친구들과 하나가 되었다는 사실에 어린 마음이 든든하고 즐거워졌다.

강의에서 이런 놀이의 부활에 대해 목 아프게 강조한다. 이젠 젊은 엄마들 중에서도 이 놀이를 직접 경험하지 못한 사람들이 있겠다는 생각에 집단놀이를 체험하도록 했다. 30여 명의 엄마들에게 먼저 여러 사람들과 함께하고 싶은 놀이를 생각할 시간 30초를 주었다. 그 다음 아무나 먼저 친구 모으기 노래를 부르라고 했다. 다들 머뭇거리며 서로 얼굴을 돌아보며 눈치만 살핀다. 쑥스러운 미소를 짓기도 한다. 좀 더 기다렸더니 한 사람이 용기를 내서 노래를 부른다.

"화장실 갈 사람, 여기 여기 붙어라."

동시에 모두 웃었다. 거기 가서 붙을 사람 붙으라고 하니 3명이 붙었다. 화장실 도착할 때까지 손을 풀지 말고 가라고 하니 졸지에 4명이 손가락 탑을 만들어 문을 나선다. 덕분에 다 함께 웃으며 쉬는 시간을 가졌다.

어떤 엄마는 자기 어릴 적에 자주 했던 것을 정말 수십 년 만에 처음 들었다며 반가워한다. 한 엄마는 자신은 잘 몰랐던 놀이인데 아이가 했던 말이 무엇인지 이제야 깨달았다고 했다. 어린이집에 다니는 아이가 "블록놀이 할 사람 여기 여기 붙어라"며 중얼거려서 엄마는 싫으니까 혼자 하라고 말만 했는데, 지금 생각해보니 아이가 손을 그런 모양으로 했던 것 같단다. 엄지손가락에 그런 기능이 있는지 몰랐다며 아이 손가락을 잡고 손가락탑을 쌓았어야 했는데라며 아쉬워한다.

요즘 아이들이 이 노래를 부를 수 있는 공간과 시간이 있었으면 좋겠다. 놀이터에서 이 노래를 들을 수 있으면 정말 좋겠다. 혹시 손자가 생기면 꼭 손자에게 가르쳐서 큰소리로 노래 부르며 다니게 하고 싶다.

'아이들은 놀이가 밥이다'라고 외치고 다니는 편해문 선생은 놀이터에 나가도 놀 아이가 없다고 안타까워하는 엄마들에게 놀이터에 제일 먼저 나가서 친구를 기다리는 아이로 키우라고 말한다. 놀이터에서 낯선 친구를 만났을 때 이 노래를 불러보자. 지금 아이들은 친하지 않으면 먼저 가서 말 걸기를 잘 못한다. 엄마들이 나서서 같이 놀라고 끌어주면 머뭇거리며 놀기는 하지만 자발성이 없어서인지 서로 친해지기는 쉽지가 않다. 그렇게 끌어주는 역할보다 아이들이 스스로 자발성을 가지고 친구와 가까워지고 서로가 협상해서 원하는 놀이를 시작하는 것이 좋다. 그래야 아이들은 제대로 놀 수 있다.

엄마가 되기 전에 알아야 할 것 중에 몇 가지만 손가락을 꼽아보라면 바로 이 놀이이다. 아이들의 놀이가 시작되는 방법을 가르치면 좋겠다. 이 방법만 알아도 아이들의 놀이는 잘 진행된다. 그래서 아이들이 커서 유년시절의 기억이 '그땐 정말 실컷 놀았다'였으면 좋겠다.

놀이 속에 숨어 있던 소중한 철학

산 중턱이라 경사진 곳이 많았던 우리 동네는 덕분에 놀 수 있는 놀이도 다양했다. 골목도 구불구불하고 계단 옆엔 빈 공간과 나무가 있어 숨을 곳도 많았다. 학교에 다녀오면 가방을 던져 놓기 무섭게 나가서 저녁 해질 무렵까지 놀았다. 그리고 동네엔 동네 친구들이 있었다. 중학생이 되면 더 이상 동네 아이들과 놀지 않았던 분위기가 있어 동네 놀이에서 제일 나이 많은 언니는 초등학교 6학년이다.

지금 생각해도 너무 고마웠던 놀이문화는 나이가 어리다고 해서 놀이에 끼워주지 않거나 배척하는 일이 없었다는 점이다. 놀이를 잘 못해도 걱정이 없었다. 놀이를 제일 잘하거나 나이가 많은 언니, 오빠 중 두 명이 나서서 가위바위보로 편 가르기를 시작한다. 이긴 사람이 먼저 한 명을 뽑으면 진 사람이 한 명 뽑는다. 다시 가위바위보를 해서 계속 편을 뽑는다. 비슷한 놀이 실력을 가진 아이들을 차례로 자기 편으로 삼으니 못한다고 해서 걱정할 일도 없었다.

물론 나는 대부분의 놀이를 다 잘해서 늘 처음 아니면 두 번째로 뽑혀가는 영광을 누렸다. 엄마는 잘한 게 뭐가 있냐는 아이들의 질문에 늘 빠지지 않고 했던 말이 이것이다.

"공기놀이도 잘했고, 고무줄놀이도 잘하고, 달리기도 잘하고, 줄넘기도 잘해서 늘 친구들과 편먹기 하면 제일 먼저 뽑혔다."

난 정말 그 사실이 자랑스럽다. 지금도 공기놀이도 잘하고, 줄넘기 쌩쌩이를 20개는 거뜬히 할 수 있으니 증명해 보라고 하는 말에도 무섭지가 않다. 이렇게 말하면 놀이에서 늘 이기기만 한 것으로 오해한다. 하지만 그렇지가 않다. 내가 잘하게 된 이유는 그만큼 많이 놀았기 때문이고, 잘하게 되기 전에 수없이 죽어봤기 때문이다. 수없이 죽었다 살아나기를 반복하며 좌절과 극복을 경험했었다.

요즘 아이들은 '편을 나눌 때 인원수가 홀수이면 어떡하나?' 하고 걱정한다. 예전엔 걱정 없었다. 남은 한 명의 아이는 분명 놀이 실력이 가장 좋지 않은 아이지만 '깍두기'로 한 명을 더 얻는 셈이니까 손해볼 일이 아니었던 것이다. 그렇게 노는 놀이이니 하루 종일 누구를 따돌리거나 누가 혼자 서러워 할 일도 없었다.

'깍두기'에 대해 좀 더 생각해보자. 이 말을 사전에서 찾아보면 '어느 쪽에도 끼지 못하는 사람이나 그런 신세를 비유적으로 이르는 말'이라 나온다. 말의 뜻대로라면 놀이에서 어느 쪽에도 끼지 못한 사람을 일컫는 말이어야 한다. 하지만 놀이에서는 정반대의 뜻으로 사용되었음을 알 수 있다. 어느 쪽에도 못 끼는 게 아니라 어느 쪽에도 낄 수 있고, 놀이를 잘하게 될 때까지 충분히 자유롭게 연습할 기회를 얻게 되는 아주 특별한 존재가 된다. 우리가 무심코 놀았던 놀이 속에 인간과 공동체에 대한 깊은 철학이 숨겨져 있음을 알 수 있다. 아이들 놀이에서 깍두기가 없어졌음이 그냥 무심코 넘어갈 문제가 아니라는 사실을 깨달아야 한다. 조금만 못해도 빼버리고 싶어 하고, 너 때문에 우리가 졌다고 생각하며 원망한다. 이긴 자만이 살아남아야 한다는 무서운 가치관이 지금의 놀이 속으로 스며들고 있다. 우리 아이들의 놀이가 이리 되어서는 안 된다.

물론 그때도 싸움이 나거나 다쳐서 울면서 집으로 돌아간 아이도 있지만 걱정은 하지 않았다. 분명 내일이면 그 아이도 훌훌 털고 다시 나와 함께 놀게 될 테니 말이다. 놀이로 수없이 죽고 다시 살아나 본 아이들은 오늘 싸우고 울었다 해도 내일 멀쩡히 아무렇지도 않게 다시 놀러 나올 회복탄력성을 이미 몸으로 체득하게 되었던 것이다.

부모가 일하러 나간 긴 시간동안 아이들은 심심해진다. 심심하다고 느낀 순간 집 밖으로 뛰어나가 놀 사람을 찾아다닌다. 요즘 사회성이 부족해 친구 사귀기 훈련까지 받아야 하는 아이들을 생각하면 마음이 아프다. 예전에는 심심하면 아이들은 놀이를 생각했고, 놀아보았기에 다음엔 어떻게 놀 줄 알게 되었다.

그런데 요즘 아이들은 심심해지면 친구를 괴롭힌다. 심심하면 놀이를 떠올려야 하는데, 반대로 심심하면 친구를 열받게 만들고 그 반응을 즐기며 더 괴롭힌다. 친구를 때려 학교폭력의 가해자가 된 아이들 중에 억울해 하는 지점이 이 부분인 경우가 많다. 어떤 아이가 수없이 자신에게 깐죽거리고 놀리고 괴롭혔단다. 때린 적은 없지만 그 아이가 더 나쁘다며 악을 쓴다. 만약 사실이라면 아이는 친구로부터 정서적 폭력을 당한 것이다. 그것을 언어로 받아낼 힘이 없는 아이는 주먹을 쓰게 된다. 결과적으로는 때린 아이가 학교폭력의 가해자가 된다.

이런 현실을 생각해 보면 아이들의 싸움에서 가해자나 피해자를 가리기 전에 아이들은 모두 어른들의 폭력적 교육환경의 피해자라는 사실을 먼저 기억하면 좋겠다. 그것에 관한 심각성은 자각하지 못하고 아이들만 줄을 세워 놓고 색깔을 가려내는 건 아이들을 두 번 죽이는 일이다. 제발 그런 일은 없으면 좋겠다. 놀이 속에 숨어 있던 인간에 대한 존중과 사랑과 배려와 공동체에 관한 소중한 철학들을 다시 살려내길 바란다. 우리 아이가 서로 친구를 부르고 누구라도 오면 함께 어울려 놀 수 있는 그런 놀이를 당장 시작하고 싶다.

동네 언니의 날카로운 눈빛

어릴 적 동네 놀이의 추억 속에는 지금도 생생하게 기억나는 한 언니의 날카로운 눈빛이 있다. 내가 7살 즈음의 일이다. 어느 날 동네 아이들 10여 명이 모여 사방치기 놀이를 한다. 사방치기는 땅에 네모꼴의 놀이판을 그려놓고 각 칸에 숫자를 써넣는다. 차례가 되면 납작한 돌을 숫자 칸에 던지고, 이 돌을 한 발로 쳐서 다음 숫자 칸으로 이동해 나가는 놀이다. 끝까지 갔다가 돌아올 땐 깨금발로 돌아 나온다. 금을 밟으면 안 되고, 깨금발을 할 때 다른 쪽 발을 땅에 디뎌도 안 된다.

사방치기 놀이에서 있었던 일이다. 내 차례에 숫자 끝까지 갔다가 깨금발로 돌아올 때 왼쪽발이 살짝 땅에 스쳤다. 나는 아닌 척하고 돌아 나오며 "야호!" 하고 소리쳤다. 바로 그 순간 그 언니가 고개를 홱 돌리며 나를 째려봤다.

"야! 너, 죽었어!"

언니의 권위 있는 단 한마디 말에 나는 아무 말도 못하고 조용히 죽었다. 너무 창피해서 그야말로 쥐구멍으로 들어가고 싶었다. 그래도 더 놀고 싶은 마음에 집으로 돌아가지는 않고 버텼다. 놀이를 하는 내내 온몸이 무거운 압박감을 받으며 한마디 소리도 내지 못했다. 창피함에 한동안 그 언니의 눈길을 피하려 했던 기억도 난다.

나의 비도덕적 행동이 그리 부끄러울 수가 없었다. 만일 나를 혼낸 게 나의 친언니나 오빠였다면 그냥 괜히 떼쓰고 짜증만 부렸을 것이다. 하지만 동네 언니한테는 그런 건 엄두도 못냈다. 만약 그랬다간 다음번 놀이에서 내가 무사히 놀이에 낄 수 없을 거라는 걸 본능적으로 알아챘기 때문이다.

그 후로 나는 내가 놀이에서 비겁하게 굴고 싶을 때마다 그 언니가 생각이 난다. 비도덕적인 행위로 인한 낙인이 얼마나 무서운지 안다. 놀이에서 자기가 죽지 않았다고, 반칙하지 않았다고 우기는 아이들은 다음 놀이에서는 그렇게 하지 않겠다는 다짐을 받고서야 놀이에 끼워 주었다. 참 엄격하면서도 공정했으며 본인이 잘못만 뉘우치면 용서하는 아량도 있었다. 이런 게 동네 놀이였다.

그 이후로 내가 그 언니를 싫어했을까? 절대 그렇지 않다. 놀이에 잔뼈가 굵은 그 언니는 또 다른 놀이의 추억을 나에게 심어 주었다. '진짜 소꿉놀이'이다. 가짜 소꿉놀이에 흥미를 못 느낀 나는 어느 날 그 언니가 소꿉놀이 하자는 말에 시큰둥했다.

하지만 언니의 일사불란한 지시에 따라 아이들은 집으로 달려가 쌀을 가져오고 김치도 가져왔다. 나는 엄마가 없는 틈에 몰래 가져오는 게 겁이나 가만히 있었다. 대신 우리 집 연탄불에다 깡통밥을 하기로 하였다. 깨끗한 깡통을 구해 쌀을 씻어 깡통에 쌀을 앉혔다. 연탄불 주위에 아이들이 둘러앉아 밥이 되기를 기다렸다. 어린 마음에 이렇게 하면 밥이 될 거라 생각하지 못했기에 밥이 되어 가는 걸 지켜보며 너무너무 신기했었다. 밥이 다 되어 딱 한 숟가락씩 나누어 먹은 소꿉놀이는 내 인생 최고의 소꿉놀이가 되었다.

빛나는 카리스마로 동네 아이들의 도덕성과 사회성 훈련, 그리고 진짜 소꿉놀이로 내 인생에 작은 별빛 하나를 만들어준 그 언니가 정말 고맙다. 우리 아이들의 마음속에서 이런 언니나 형이 한 명 있으면 좋겠다.

나의 사회성 훈련은 분명 그때 이루어졌다. 비도덕적 행동에 대한 경각심을 키워간 것도 그런 동네 놀이 덕분이었다. 부모님의 훈계와는 질적으로 다르게 느껴진 그 동네 언니의 도덕적 판단력과 정당한 주장을 따르는 동네 친구들의 시선은 나의 사회성을 길러 주었다. 아이의 사회성은 이런 과정으로 키워져야 한다. 그리고 이건 '친구의 힘'이라 말하고 싶다. 우리 아이가 강력한 '친구의 힘'으로 바르고 성숙하고 밝게 자라났으면 좋겠다.

엄마가 절대 채울 수 없는 아이의 텅 빈 마음

4학년 여자 아이 수빈이는 외동이다. 어릴 땐 언니, 오빠나 동생이 있었으면 좋겠다고 종종 떼를 썼다. 지금 아이는 엄마가 곁에 있어도 마음을 나눌 친구가 없어서 너무 외롭다. 어떻게 하면 그럴 친구를 만들 수 있을까? 좀 친한 친구가 있기는 하지만 애들도 모두 바빠서 그게 어렵단다. 게다가 가까운 사이라 해도 사적인 이야기를 하기도 어렵다. 혹시 사이가 나빠지면 내가 털어놓은 속마음이 언제 어디서 어떻게 까발려져서 자신을 곤란하게 만들지 아이는 직감적으로 느끼고 있기 때문이다.

실제로 그 바람이 이루어질 수 없음을 안 아이는 이제 자신이 좋아하는 사촌언니라도 마음껏 만나며 살면 좋겠단다. 같이 놀다 잠도 같이 자면 좋겠단다. 아침에 눈뜨자마자 같이 놀면 얼마나 좋을지 상상한다. 늘 아쉽게 만났다 밥 먹고 조금 놀다 헤어지는 그런 만남에 아이는 지친다. 그것도 자주 만나지도 못한다. 누군가 가까이에 늘 있어 재잘재잘 이야기하고 키득키득 웃는 그런 행복감을 맛보고 싶다.

"전 얘기할 사람이 없어요. 누군가와 시간에 쫓기지 않고 편안하게 이야기 좀 나눠 봤으면 좋겠어요. 엄마, 아빠 때문에 속상한 이야기도 하고, 친구나 선생님 험담도 하고, 그래도 아무 탈 없는 그런 사람이 있었으면 좋겠어요. 이러다 정말 화병날 것 같아요."

엄마들의 용어로만 알았던 '화병'이라는 단어가 아이의 입에서 툭 튀어나온다. 그 마음이 오죽하면 저런 단어를 쓸까? 얘기할 사람이 없어 느끼는 외로움과 답답함이라면 속 시원히 얘기할 대상만 있어도 화병이 확 풀릴 텐데. 그럴 대상이 없어서 생긴 마음의 짐들이 아이에게 이상 징후를 나타나게 한다. 친구에게 지나치게 예민하여 공격적인 말을 하거나, 작은 일에도 까칠하게 반응하니 친구들이 모두 싫다고 하는 것이다. 상담료 지불하면서 아이를 상담실에 데려올 수밖에 없는 상황이 된다. 아이에게 필요한 건 속 터놓고 편하게 대화할 상대이고, 키득거리며 밤하늘의 별을 세며 꿈을 꾸는 그런 경험이다. 그런 추억을 쌓으면서 아이 마음에 생긴 상처는 가라앉고 새살이 돋아나 예쁜 꿈을 꾸게 되는 것이다. 그럼 엄마나 아빠가 그 자리를 대신하겠다고 나서는 부모도 있다. 참 감사한 일이다. 하지만 안타깝게도 아이들은 커가면서 부모가 채워줄 수 있는 부분과 채워줄 수 없는 부분이 있다. 아이는 이렇게 말한다.

"제가 사촌언니랑 놀겠다고, 하루만 언니네 집에서 자게 해달라면 아빠는 자기가 놀아주겠다고 해요. 지난 번에는 진짜 그래서 밤 12시까지 놀았어요. 그게 싫지는 않지만 그런다고 해서 제가 바라는 게 줄어들진 않아요. 옛날엔 아빠가 그렇게 놀아주면 진짜 좋았는데 이젠 그렇지 않아요. 어떻게 보면 아빠가 저랑 놀아주는 게 아니라 제가 아빠 속상할까봐 놀아주고 있는 것 같아요."

아이가 사춘기가 접어들면 부모가 절대 채워줄 수 없는 부분이 생기기 시작한다. 친구나 선생님이 더 큰 영향을 미치기 시작한다. 엄마, 아빠가 백번씩 말해도 귓등으로도 안 듣던 녀석이 친구나 선생님 말 한마디에 행동이 금방 바뀐다. 커간다는 증거이다. 우리 아이만 그런 것이 아니라 성장기의 특징이다. 그런 신호가 나타난다 해서 걱정하거나, 괘씸하게 생각할 일이 아니다. '우리 아이가 잘 자라고 있구나'라고 생각하는 게 맞다.

부모가 채워줄 수 없는 텅 빈 마음을 아이는 친구로 채우고 싶어 한다. 아직 초등학교 4학년밖에 되지 않았지만 아이가 바라는 친구가 꼭 '지란지교'의 그 친구 같아서 시를 찾아보게 했다. 핸드폰으로 검색해서 시를 읽어 내려가는 아이의 표정이 밝게 펴진다.

"딱 제 마음이에요. 정말 이런 친구 하나만 있으면 좋겠어요."

엄마가 중·고등학교 시절 읽으며 꿈꿨던 친구를 지금은 초등학생이 공감하고 그리워한다. 이래도 우리 아이들에게 숙제와 공부와 진학만을 고민하게 할 것인가? 그 무엇으로도 채워지지 않는 마음을 서로 함께 채워가는 친구를 꼭 사귈 수 있게 해주고 싶다.

엄마는 지란지교 같은 친구를 누리며 행복하게 살았다. 그리고 아이가 크면 그런 친구 같은 엄마가 되기를 바란다. 하지만 아이에겐 그런 친구를 사귈 기회를 주지 못하고 있다. 아이의 삶에서 무엇이 얼마나 중요한지 여전히 모르고 있는 건 아닐까? 엄마가 아이 인생에 어떤 의미이고, 무엇을 해줄 수 있고, 언제 다가가고, 언제 거리를 두어야 하는지 아는 일은 정말 어렵다. 그래도 분명한 건 아이와 지란지교 같은 사이가 되고 싶다면 우선 아이에게 그런 친구가 있어야 한다는 사실이다.

열 번째 깨달음

아이가 어떤 엄마를 원하는지 미리 알았더라면

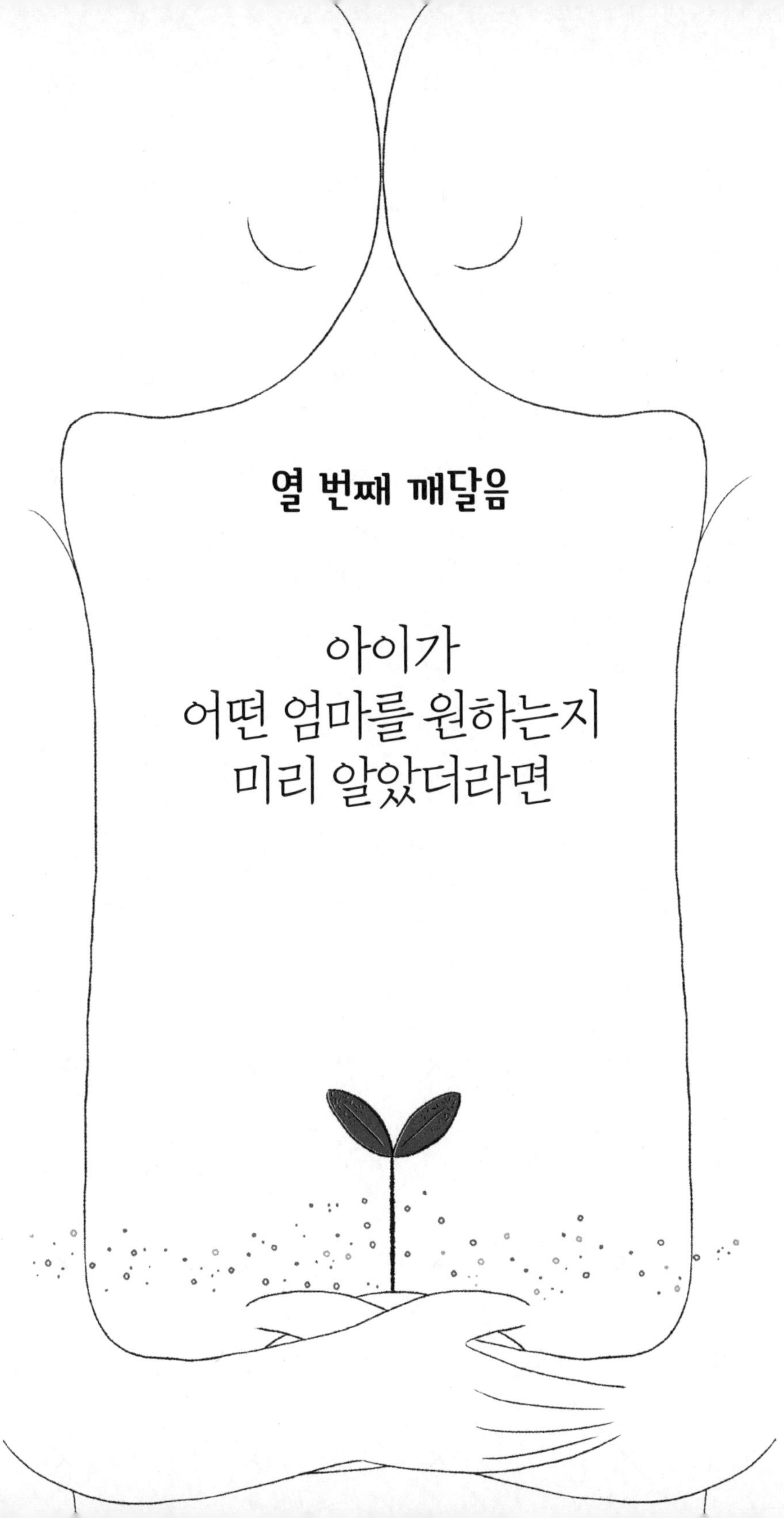

엄마가 꼭 알아야 할 것들

엄마는 늘 아이들에게 요구하며 산다.

"착하게 자라라."

"엄마 말 잘 들어라."

"공부 잘해야 한다."

"배려도 잘해야 한다."

"친구도 많이 사귀어야 한다."

당연한 요구이며 엄마의 의무이기도 하다. 하지만 반대로 아이가 바라는 엄마가 따로 있다는 사실을 아는가? 엄마의 권위에 주눅 든 대부분의 아이들은 자신이 바라는 걸 잘 표현하지 못한다. 말할 기회를 충분히 준다면 우리 아이가 어떤 엄마를 바라고 있는지 알게 될 것이다.

과연 우리 아이는 어떤 엄마를 원하는 걸까? 아이가 원하는 걸 다 들어준다면 아이는 엄마의 바람대로 잘 커갈 수 있을까? 아이 말을 듣기도 전에 엄마들은 걱정부터 앞선다. 분명 아이가 바라는 건 노는 거나 일탈하는 것일 거라고, 그러니 아이가 바라는 걸 들어주면 아이를 망쳐버릴 것 같은 생각만 든다. 그런 걱정 때문에 엄마는 끊임없는 잔소리로 들볶아야만 아이가 잘 자랄 거라 생각한다. 하지만 이는 아이의 진심을 모르기 때문이다. 아이들의 마음을 들여다보자.

5학년 이민영

〈엄마라면 꼭 알아야 할 10가지〉

1. 엄마는 내 성격을 잘 알아야 한다. 가끔 말을 험하게 할 수도 있다는 사실을.
2. 수학문제 틀렸는데 왜 계속 틀렸냐고 나무라면 안 된다. 너무 억울해서 아무것도 하기가 싫다.
3. 책을 빨리 읽는다고 뭐라고 하면 안 된다. 나도 자제할 수 없으니 이해해 주어야 한다.
4. 용돈을 많이 줘야지 기분이 좋다. 친구들끼리 거리에 나가서 쇼핑하는 게 얼마나 재미있는지.
5. 학교 후에 놀고 싶은데 놀지 못하게 하면 안 된다. 실컷 놀아야 숙제도 힘들지가 않다.
6. 친구들은 늦게 들어갔다 해서 혼나지 않았는데 나만 혼난 기분이 너무 싫다.
7. 내가 제일 좋아하는 프로그램을 못 보게 하면 안 된다.
8. 내가 아끼는 것들을 누굴 주거나 버렸을 때 내 기분을 알아야 한다. 나에겐 정말 소중한 것들이다.
9. 내가 좋아하는 과목을 알아야 한다. 중요하지 않다고 무시하면 안 된다.
10. 내가 좋아하는 것을 듣고 보게 해주어야 한다. 그래야 더 행복해지니까.

민영이는 엄마가 자신의 성격을 이해해주기 바란다. 책을 빨리 읽는 자기 습관을 존중해주기 바라고, 실컷 놀아야 숙제를 잘할 수 있다고 말한다. 자신이 소중하고 좋아하는 것들을 무시하지 않기를 바란다. 그래야 자신이 행복해질 수 있다고 말한다. 엄마에게 원하는 게 많은 것 같지만 어쩌면 너무 당연한 거 아닐까 싶다.

아마 민영이만 이렇게 바라는 건 아닐 거다. 대부분의 아이들이 엄마에게 하고 싶은 말이지만 하지 못하는 말일 뿐이다. 아이들이 엄마에게 꼭 알아야 할 것들뿐만 아니라 엄마라면 하지 말아야 할 것들에 대해서도 말하고 있다.

6학년 이상익
12시까지 공부하는 것이 힘들다. 계속 놀고 싶은데 갑자기 공부하라고 말하면 너무 힘들다.
학교 갈 때 너무 졸린데 빨리 일어나라고 해서 힘들다. 학교 가기 싫은 마음도 알아 주어야 한다.
동생이랑 싸우면 동생이 잘못했는데 나한테 잘못했다고 할 때 억울하다. 잘못한 사람만 혼내야 한다.
잘못할 때 이유를 말해 달라고 해도 그것도 모르냐고 말할 때 힘들다. 이유도 알려 주지 않고 혼내기만 해서 너무 힘들다.

다 큰 녀석이 뭐 이런 걸 원하냐고 면박 주면 안 된다. 아이들의 마음은 언제나 정답이다. 지금 그게 필요하니 필요하다는 느낌이 들뿐이다. 충분히 채우고 나면 아이들은 다음 성장을 준비한다.

투정이 많은 아이는 더 많은 사랑이 필요할 뿐이다. 다 큰 녀석이 이런 걸 원하면 안 된다고 엄마 마음대로 판단하고 무시하면 안 된다. 아이의 해결되지 못한 바람은 여전히 풀리지 않은 숙제로 남아 다른 형태로 변해간다. 왠지 모를 짜증과 원망이 자리를 잡게 된다. 절대 저절로 없어지지 않는다. 그게 나중에 어떤 모양으로 변해서 우리 아이를 공격할지 모른다.

6학년 김정훈

문제 하나 틀렸는데 왜 틀렸냐고 계속 물어보면 안 돼요.

학교 갔다 와서 바로 숙제하라고 말하지 않고 "학교 갔다 오니 힘들지? 좀 쉬어"라고 말해 줘야 해요.

공부한 것은 보지 않고, 쉬는 것만 보고 왜 공부 안 하냐고 계속 뭐라고 하는 것은 정말 나빠요.

시험 보고 왔는데 엄마가 다른 애들이랑 비교하는 것은 정말 나빠요. 나에게 상처 주지 않아야 해요.

대부분의 엄마들이 하는 행동은 어쩌면 이렇게 비슷할까? 남의 집 아이가 한 말인데 엄마들 모두의 행동을 제대로 짚어주고 있다.

"엄마는 그러면 안 돼요. 정말 나빠요. 아이에게 상처를 주지 않아야 해요."

이런 말을 아이의 말로 들으니 더 마음이 아파온다.

엄마에게 바라는 것들

몸은 커서 중학생이 되었지만 여전히 엄마 앞에선 어린 아이처럼 투정부리고 싶은 마음을 솔직하게 표현하는 아이도 있다.

중학교 1학년 이승원
엄마가 되기 위해서는 할 줄 아는 요리가 100가지 정도는 있어야 한다. 만약 할머니가 엄마에게 매일 밥과 김치만 주면 어떻겠는가? 별로 밥맛이 없어질 것이다. 그런 일을 방지하기 위해서는 어릴 때부터 요리를 조금씩 해보아야 한다. '배움은 끝이 없다'는 말처럼 좋은 엄마가 되기 위해서 알아야 할 것은 요리 말고도 셀 수 없이 많을 것이다. 모든 것을 다 알 수는 없겠지만 차근차근 하나씩 알아나가다 보면 좋은 엄마가 될 수 있을 것이다.

세상에! 아이가 좋은 엄마가 되기 위해서는 어릴 때부터 요리를 조금씩 해보아야 한다고 말한다. 엄마가 전문 요리사도 아닌데 어떻게 100가지 요리나 할 줄 알아야 한다고 말할 수 있지? 정말 어처구니가 없다는 생각이 든다.

하지만 바꿔 생각해 보면 당연한 것 같다. 엄마가 아이에게 원하는 게 아마 100가지가 넘을 테니 말이다. 아침에 아이를 깨울 때부터 하나하나 엄마가 아이에게 당부하고 요구하는 것들을 목록을 만들어 보면 아마 수백 개는 거뜬

할 테니 100가지 정도 요리를 원하는 건 당연할 수도 있겠다. 게다가 승원이는 엄마도 배워야 한다고 당당하게 요구한다. 아이에게 늘 배움을 강요하는 역할만 하다 이렇게 배워야 한다고 요구하는 말을 들으니 왠지 뜨끔하긴 하다.

중학교 1학년 이다예

나는 '엄마'라고 하면 이런 말들이 떠올랐다. 사랑, 희생, 기쁨, 피곤, 행복. 엄마가 된다면 힘들기도 하겠지만 행복한 일도 많이 있을 것 같다. 하지만 우리 엄마를 떠올리면 행복한 일보다는 힘든 일이 많을 것 같다. 집안일도 해야지 직장도 다녀야지 우리 엄마는 쉴 틈도 없이 일하고 또 일하신다. 또 그런 상황에서 만약 안 좋은 일이 생기면 엄마니까 책임져야 할 일 때문에 고통은 클 것 같다.

이런 엄마가 되기 위해서 알아야 할 것들은 무엇일까? 먼저 희생을 알아야 할 것 같다. 초등학교 때 담임선생님께서 해주신 말이 있다. 부모님께서 우리에게 해주신 일을 당연하게 여기지 말라고. 만약 우리를 키우지 않았으면 여행 다니고, 하고 싶은 것을 다 하고 사신다고. 그때까지만 해도 당연하게만 여겼던 부모님의 희생이 당연하지만은 않은 것이라 느꼈다.

원래 형제나 자매가 많이 싸운다는 것을 엄마가 알았으면 좋겠다. 나와 언니는 매일매일 한 번씩은 싸운다. 솔직히 어제도 싸웠다. 정말 창피할 정도로 사소한 일로 싸워서 만약 내가 엄마라면 속상할 것 같다. 지금 엄마도 나와 언니가 싸우면 화를 내신다. 당연히 자식들이 싸우는 것이 속상할 일이니까 엄마가 되기 전에는 알고 있어야 할 것 같다.

중학교 2학년 조은정

엄마가 기억해 주었으면 하는 게 있다. 우리는 아직 어리고 엄마도 어린 시절이 있었다는 것, 엄마도 어릴 적 잔소리를 싫어하는 10대였고, 우리가 10대라는 것을. 우리가 쉬운 길을 두고 조금 험한 길로 가게 될지라도 조금만 이해해달라고, 엄마의 10대 시절을 기억해달라고. 이미 그 길을 걸어본 엄마에게는 지금 우리가 걱정스럽게 보이겠지만 한발 뒤에 서서 믿고 응원하고 기댈 수 있는 버팀목이 되어 주면 좋겠다. 엄마는 청소년이었으니까! 우리의 생각과 마음을 이해할 수 있었으면 좋겠다. 엄마는 엄마이기 전에 어린 시절을 기억할 수 있기를. 그래서 잔소리를 줄일 수 있었으면 좋겠다.

희생은 기본이고, 형제가 싸우는 것도 미리 알고 참거나 잘 대처하라고 말한다. 싸우는 건 기본이니 너무 휘둘리지 말고 속상해 하지도 말라고 말하는 것 같다. 엄마의 어릴 적 기억을 되살려 걱정만 하지 말고 자신의 생각과 마음을 이해해주고 잔소리는 줄여달라고 요구한다. 아이들의 말을 듣고 있자니 이제 슬슬 한숨이 나오기 시작한다. 이런 걸 어떻게 다 할 수 있지?

아이들이 바라는 엄마는 여기에 머무르지 않는다. 이제 좀 더 수준 높은 엄마를 원한다.

중학교 2학년 백무옥

엄마가 되기 전에 알아야 할 것 중 가장 먼저 떠오르는 것은 소통하는 법이다. 남편과 소통하는 법, 자녀와 소통하는 법, 시부모와 소통하는 법 등. 최근 친구에게서 '엄마가 싫다'는 이야기를 들었다. 사사건건 참견에 잔소리에 정말 짜증난다고 했다. 후에 생각해 보니 이런 일들은 소통이 부족해 생긴 일 같다. 만약 엄마와 자녀가 이야기를 많이 한다면 이런 일은 벌어질까? 나는 'NO'라고 생각한다. 왜냐하면 이야기를 많이 하면 서로를 좀 더 이해할 수 있고 그러면 서로 배려를 할 수 있으니까 말이다.

우리 엄마는 소통을 잘하시는 것 같다. 내가 학교를 갔다 오면 반겨 주시면서 오늘은 뭘 했는지 물어봐 주신다. 그리고 서로 싫어하는 것을 잘 알고 감정 표현을 확실히 해 다음번에는 똑같은 일이 반복되지 않게 하신다. 그러면 나는 '내가 관심을 받고 있고 존중받고 있구나!' 하는 생각이 든다.

무옥이는 자신의 마음을 잘 알고 소통할 줄 아는 엄마를 가졌다. 중학생만 되면 입을 다무는 아이들이 대부분인 우리 현실에서 자신의 엄마에 대해 이렇게 말하는 중학생을 만나는 일은 참 반가운 일이다.

중학교 2학년 현주는 소통 이전에 엄마가 꼭 알아야 할 것이 있다고 말한다. 아이의 행동에 재대로 대처하지 못하면 아이는 트라우마가 생길 수도 있다고 경고한다.

중학교 2학년 이현주
엄마는 일단 아기와 소통하는 방법을 익혀야 되고, 아기와 소통하려면 아기의 마음을 알아야 한다. 난 우선 아기의 심리를 이해하려는 태도가 중요하다고 생각한다. 아기와 잘 통한다는 것은 나중에 아기가 커서 하는 행동과 연관이 있기 때문이다.
아기가 특이한 행동을 한 이유를 이해하고 그 행동에 어떻게 답해줘야 하는지가 중요하다. 내가 어렸을 때 잠에서 깨서 침대모퉁이를 걷어차면서 막 시끄러운 소리를 낸 적이 있다. 내 딴에는 엄마가 내가 깨어난 걸 알아차리고 "일어났어?"라고 해주길 바래서 그런 거였지만 결국 시끄럽다고 혼나기만 했다. 그래서 난 아직도 나 때문에 시끄러운 소리가 나면 움찔하곤 한다. 어떻게 해야 아이가 풀 죽지 않고, 그것이 잘못된 행동인지 깨닫게 할 수 있는 방법을 알아야 한다. 나쁜 말로 혼내면 트라우마가 생길 것이다. 이해가 안 가는 아이 행동의 의미를 이해하고 그 행동을 할 때 어떻게 대해야 할지 생각해 보는 일이 중요하다.

대부분의 엄마들은 아이가 침대를 걷어차면 당연히 그러지 말라고만 이야기한다. 하지만 그 순간에도 아이가 바라는 것이 있었다. 엄마가 자신의 마음을 알아주는 일. 하긴 마음을 알아야 소통할 수 있는 건 정말 당연한 일이다. 중학생 아이들의 지적에 찔리지 않을 엄마가 없을 것 같다.

아직 끝이 아니다. 엄마가 알아야 할 것은 또 있다. 중학교 2학년 민기는 사회이슈가 되는 청소년 사건의 원인으로 엄마를 지목한다. 그런 사건을 예방하기 위해서 사춘기 자녀의 엄마는 인내심이 있어야 한다고 말한다.

중학교 2학년 이민기
뉴스에서 자주 불거지는 문제 중의 하나가 아이와 엄마와의 문제이다. 사춘기인 아이는 엄마와 의견 차이로 가출을 하거나 패륜을 저지르고, 엄마는 아이의 마음을 조금도 이해하지 못하고 혼만 낸다. 이것은 아이가 어떤 행동을 했을 때 엄마가 어떻게 대처해야 되는지에 대해 잘 모르기 때문이다.
따라서 엄마가 되기 전에 알아야 할 것들이 있다. 기본적으로 엄마가 아이를 대할 땐 인내심을 갖고 대해야 한다. 아이를 키우다 보면 갑작스러운 돌발 상황이 자주 일어날 것이다. 그때 엄마가 이성을 놓고 아이에게 화를 낸다면 아이는 대체 어떤 것을 잘못했는지도 모른 채 혼이 나서 관계만 악화될 뿐 아이의 행동은 개선되지 않을 것이다. 때문에 엄마는 인내심을 갖고 이성적으로 어떤 잘못을 했고 때문에 어떻게 행동해야 되는지 자세히 알려 주어야 한다.

엄마를 더 사랑하고 싶은 아이들

엄마에게 상처받은 것도 많고 바라는 것도 많은 아이들이지만 그래도 아이들은 엄마를 너무너무 사랑한다. 그리고 더 깊이 사랑할 수 있게 되기를 바란다. 입을 꾹 다문 청소년기 아이들이 엄마에게 퉁명스럽게 대하는 그 순간조차 아이들은 엄마를 더 사랑하고 싶다. 그 마음을 엄마가 몰라주고 그 마음과 소통할 줄 모르는 것뿐이다.

중학교 2학년 문정현

할머니댁에 가면 할머니께서는 아빠에 관해 수없는 걱정을 하신다.

"새벽에는 잘 출근하니? 오는 길에 안 힘들었니? 새벽에 출근할 때 조심해라."

할머니께서 여러 걱정을 하시면 돌아오는 아빠의 대답은 하나다.

"내가 다 알아서 해요. 원, 엄마는 아직도 내가 애인 줄 알아."

세상 모든 엄마는 자식들이 성인이 되어도 결혼을 해도 꼬부랑 할머니가 되어도 여전히 걱정되고 불안한 금지옥엽 하나뿐인 내 새끼인 것 같다.

어렸을 때 친구들이랑 싸우면 항상 하는 말이 "너 우리 엄마한테 이를 거야"였다. 동생이랑도 맨날 누가 먼저 엄마랑 같이 자느냐, 엄마 옆자리를 누가 먼저 차지하느냐 등 사소한 걸로 많이 싸웠다.

어렸을 땐 그렇게 입에 달고 살았던 엄마인데, 점점 크면서 머리 좀 커졌다고 엄마보다는 친구를 먼저 찾는 내 모습을 볼 수 있었다. 이런 내 모습을 보면서 엄마는 왠지 모를 서운함을 느꼈겠구나 생각을 했다. 15년 동안 열심히 키운 딸인데 이제 머리 좀 컸다고 친구를 먼저 찾고, 대들기까지 하니 얼마나 서운하셨을까 하는 생각이 머리를 스쳐 지나간다. 엄마가 되기 전에 자식을 위한 희생정신과 충분한 사랑 그리고 자식의 무관심에 대한 서운함도 미리 알고 있어야겠다. 갑자기 엄마에게 지금까지 무신경하고 짜증만 냈던 것이 후회되고 죄송스럽다. 집에 가서 엄마를 꼭 안아드리고 싶다.

고등학생쯤 되면 엄마를 보는 시선은 더욱 날카로워진다. 그만큼 엄마의 역할에 대한 중요성을 아이는 너무 잘 알기 때문인 듯하다. 고등학교에 입학하는 연우는 딱 한마디 한다.

"누구든 엄마가 될 수 있을까? 자식 있는 여자는 무조건 엄마일까? 내 생각은 '아니다'이다."

친구들 마음을 잘 헤아리는 연우는 엄마 때문에 상처받는 주변 친구들의 이야기를 들으며 이런 생각을 하게 되었다고 한다. 그리고 자신의 엄마에 대한 감사함을 전한다.

고등학교 1학년 이연우
내가 느끼는 우리 엄마는 '내가 모르는 나'를 알고 있고, 뭘 하든 날 응원해 주신다. 졸업식 날 내가 울 땐 모두 날 울보라고 놀려도 날 안아주고 위로해 주셨다. 내가 아플 땐 내가 좋아하는 흰죽도 끓여주시고, 같이 옷을 사러 갈 때도 있다. 따끔하게 혼나도 다음 날 따뜻한 편지도 써주는 이런 소중한 것들에 나는 익숙해져 있다. 이렇게 엄마가 되는 건 당연하다고 느낄 만큼 소중히, 소중히 사랑할 능력이 있어야 한다.

연우의 마지막 말이 엄마인 내 마음 깊숙한 곳을 찌르는 것 같다. 유아나 초등학생 아이들의 바람도 이것과 다르지 않다. 좀 더 많이 놀아주기를 원하고, 좀 더 맛있는 걸 해주길 바라는 원초적 바람이 클뿐 본질적으로는 똑같다.

고등학교 1학년 이시정
엄마와 함께 있으면 포근하고 편안한 느낌이 든다. 그럴 때 좀 더 편하게 이야기하고 싶어진다. 다른 사람에게 하지 못했던 말들을. 우리 엄마는 따사롭다. 그 따사로움 덕분에 나의 고민을 이야기하고 싶고 비밀이야기도 말하고 싶어진다. 우리 엄마는 든든하다. 새로운 곳을 갈때면 늘 든든한 엄마와 함께 가고 싶다는 생각을 하게 된다. 가끔은 기대고 싶은 느낌이 들기도 한다. 나는 기분이 우울할 때는 늘 엄마가 생각난다.

시정이가 엄마에게 전하는 마음을 들으니 세상 모든 아이들이 엄마에게 최소한 저런 느낌을 가지면 좋겠다는 바람이 생긴다.

이제 정리해보자. 엄마라면 아이 성격도 잘 알아야 하고, 용돈도 많이 주어야 하며, 아이가 힘들 땐 어린 아기처럼 돌보아야 한다고 요구한다. 희생과 인내는 기본이고, 형제자매가 싸우는 건 당연하니 미리 알고 의연하게 대처하라고 말한다. 100가지 요리를 할 줄 알아야 하고, 아이의 마음을 잘 이해해야 하고 위로하고 달래줄 줄 알아야 한다.

뿐만 아니라 좋은 마음을 서로 소통할 줄도 알아야 한다. 엄마도 자신의 어릴 적을 생각하며 한발 뒤에 서서 믿고 응원하고 기댈 수 있는 버팀목이 되어 달라고 한다. 한술 더 떠서 자식의 무관심에 대한 서운함도 미리 잘 알고 있어야 한다고 요구한다. 아이들이 문제를 일으키는 첫 번째 원인으로 엄마를 지목하고, 이성을 잃지 말고 인내심을 가지라고 충고한다. 그리고 자식이 있다고 해서 누구나 엄마가 되는 것이 아니라는 냉정한 말도 한다.

아이가 원하는 엄마가 이런 거다. 다 맞는 말이라 뭐라 대꾸할 말도 없다. 내가 우리 엄마한테 한 걸 생각해 보면 다 맞는 말이다. 하지만 동시에 '어떻게 이런 엄마가 될 수 있지?' 하는 생각이 먼저 든다. 이 모든 걸 할 수 있는 엄마는 없다.

그렇다고 좌절할 필요는 없다. 아이들도 아주 넓은 마음을 가진 사람이다. 하나쯤 잘하는 게 있으면 아이들은 참아준다. 물론 2가지를 잘하면 더욱 좋다. 한두 가지를 잘하면 다른 건 눈감아 줄 수 있는 아량을 가지고 있다. 다른 과목을 다 엉망이어도 수학 하나쯤 잘한다면 그래도 참고 봐줄 수 있는 엄마 마음과 똑같다. 그래도 아이의 말이 가슴을 찌르는 건 어쩔 수 없다. 아이가 원하는 게 뭔지도 모르고 엄마 원하는 것만 들이댔으니 그 많은 시간 동안 우리 아이는 얼마나 힘들었을까. 다행히 엄마의 시간은 남아있다. 죽을 때까지 나는 엄마이니 이제부터라도 내가 잘할 수 있는 것을 하나씩 시작해 보려 한다.

열한 번째 깨달음

엄마가 되기 위해
무슨 준비를 해야 하는지
알았더라면

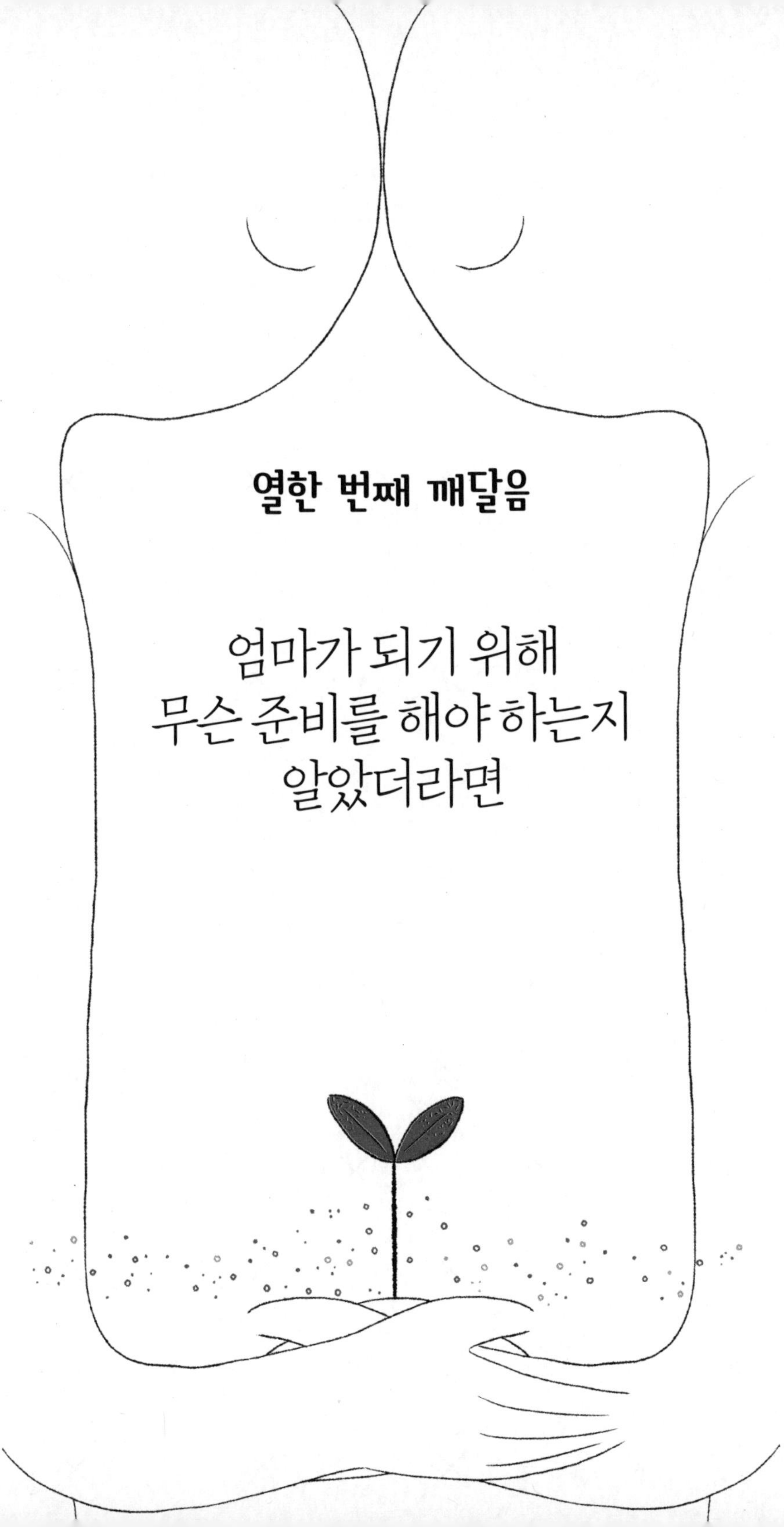

엄마가 되기 위한 준비

보통 엄마들은 엄마가 되기 위해 어떤 준비를 할까? 임신하면 예비 엄마가 된다. 그때부터 '임신, 출산, 육아'에 관한 여러 권의 책을 찾는다. 거기엔 아기의 탄생을 준비하기 위해 알아야 할 필수내용들과 임산부의 몸과 산후조리 방법까지도 정말 잘 말해주고 있다. 태어난 어린 아기를 키우는 방법도 세세한 부분까지 놓치지 않고 잘 알려주고 있다. 아기를 위한 응급조치 방법도 알려주고 건강한 아기로 키우는 노하우도 당연히 알려준다. 그래도 궁금증은 끝이 없어 책에서 찾지 못하는 해답은 인터넷에서 찾기 시작한다.

임신과 태교	출산준비, 산후 조리	월령별 신생아 키우는 법	젖 먹이기, 신체운동	아기를 위한 응급조치법

그런데 혹시 엄마가 되기 위한 다른 준비가 필요하다는 생각이 들지 않는가? 아기에 관한 것 말고 다른 건 떠오르지 않는가? 그렇다면 중요한 걸 놓치고 있는 것이다. 임신 육아에 관한 내용에서는 아무리 찾아봐도 아기 탄생에 관한 이야기뿐이다. 엄마로 시작하는 나의 인생에 대한 조언은 찾기가 어렵다. 찬란한 청춘의 시간을 뒤로 하고 새롭게 탄생한 엄마에 관한 내용은 별로 없다. "내가 드디어 엄마가 되었어요!"라고 외친 엄마도 이젠 자신에 관한 이야기가 아니라 아기에 관한 이야기만 한다.

"내가 엄마가 되었으니 우리 아가를 위해 내 모든 걸 다 해줘야지. 이 아기를 지키고 잘 키우기 위해 세상에 아까울 게 하나도 없어."

안타깝게도 이렇게 시작하면 마음이 건강한 엄마로 살아가기 어려울 것 같다. 엄마가 자신도 키워야 하는데 온 마음을 아기가 다 차지해 버리면 곤란하다. 아기를 키우는 아주 틈틈이라도 짬을 내어 나를 돌아보는 것이 좋다.

거울을 들여다보며 나에게 말을 걸어보자. 아직 붓기가 제대로 빠지지 않은 얼굴과 몸은 낯설 수 있다. 잠시 머리를 빗어 넘기고 립스틱도 바르고 셀카도 찍어보자. 시간이 많이 걸리지도 않는다. 아기를 더 잘 키우기 위해서라도 엄마가 자신을 챙기고 키워가는 것은 중요하다. 좋아하던 음악을 듣고 좋아하는 음식을 챙겨 먹는 것도 중요하다.

비행기를 타면 비상상황에 대한 안내방송이 나온다. 아이와 함께 비행기를 탄 사람이라면 특히 꼭 기억해야할 내용이 있다. 비상시 산소마스크와 구명조끼는 어른이 먼저 착용한 후에 아이에게 씌우고 입히는 것이 원칙이다. 엄마가 된 후 처음 이 방송을 들었을 땐 잠시 의아했다.

'산소마스크를 당연히 아이를 먼저 씌워야지 어떻게 엄마가 먼저 쓰라고 하지?'

하지만 두세 번 들으면서 그 말이 너무 당연한데 왜 쉽게 받아들이지 못하는지, 왠지 엄마가 자기만 챙기는 비정한 엄마라고 느끼게 되는지 자문하기 시작했다. 아마도 '희생'이라는 엄마 역할의 대물림으로 인해 무엇이든 아이 먼저라고 생각하게 된 까닭인 것 같다.

비상상황이 되면 일단 아이부터 챙기려는 마음은 어느 부모든 같을 것이다. 하지만 엄마가 자신의 안전을 먼저 책임지지 않으면 아이의 안전도 책임질 수 없다. 아이만 챙기느라 엄마가 자신을 챙기지 못하면 결국 아이도 제대로 보호받지 못하는 결과가 생긴다. 엄마가 우리 아이를 잘 키우기 위해서는 엄마의 몸과 마음의 안전이 우선이다. 이는 엄마가 자신을 챙기는 일에 괜한 죄책감을 갖지 않아도 되는 아주 중요한 근거가 된다.

엄마 자격시험이 있다면

"엄마가 되려면 정말 자격시험 봐야 되는 거 아냐? 난 엄마 될 자격이 없나봐."

아이를 키우다 보면 누구나 이런 생각 한번쯤은 한다. 아이를 너무나 사랑하는 엄마가 왜 이런 말을 하며 한탄하게 되었을까? 이는 분명히 엄마가 자신을 돌보지 않은 채 육아에 몸과 마음을 모두 소진했기 때문이다.

'I-Message'라는 효과적인 대화법이 있다. 인간관계 특히 부모 자녀 간의 관계에서 아이의 행동으로 인해 엄마가 속상할 때, 아이의 행동에 엄마가 왜 힘든지, 그래서 어떤 느낌이 드는지 말하는 방법이다.

"엄마가 다섯 번 말했는데 TV를 계속 보고 있으니(행동) 엄마를 무시하는 것 같아(나에게 미치는 영향) 기분이 나쁘고 화가 나(감정).”

그런데 외국인들은 굉장히 쉽게 말하는 이 표현법을 우리나라 엄마들은 매우 어려워한다. 너의 미래를 위해서 내가 화를 내고 있다고 말해야 왠지 엄마 역할을 잘하는 것 같다. 이런 느낌을 갖는 이유는 엄마의 희생과 헌신을 너무 당연히 여기는 사회문화적 분위기에서 기인한다고 생각된다.

왜 엄마는 나를 먼저 챙기면 안 될까? 물론 아기를 팽개치라는 말이 전혀 아니다. 아이를 잘 키우기 위해서라도 엄마는 자신을 챙겨야 한다. 엄마 자격시험에는 아이를 위한 희생이 아니라, 엄마 자신을 얼마나 잘 지키는 사람인가 하는 문제가 들어가야 하는 것이다.

엄마로 살기 시작하면서 자신이 잃어버린 것은 혹시 없는가? 만일 있다면 그게 무엇인지 먼저 알아야 한다. 스스로 접어 두거나 포기한 것도 있고, 자신도 모르게 잃어버린 것도 있고, 암묵적으로 강요당한 희생도 있을 것이다. 그것들의 정체를 알아차리고 자신을 잘 지켜가길 바란다. 무엇을 잃어버렸는지 알아야 이제부터 채워야 할 것이 무엇인지 알게 된다. 잃어버린 줄도 모르고 나중엔 “내가 누구 때문에 이러고 사는데!”라고 한탄해봤자 좋을 게 하나도 없다.

SBS 드라마 〈따뜻한 말 한마디〉에서 한혜진은 바람이 났다. 남편을 배신하고 외간남자를 사랑한다. 그럼에도 불구하고 남편에게 당당하게 이혼을 요구한다. 그 놈과 잤냐고 따지는 남편에게 "사이좋게 헤어지자. 당신이 한 것도 한번 말해봐?"라며 남편의 외도를 언급한다. 이에 남편은 "내가 괜히 바람 폈어? 당신이 산후우울증으로 어떻게 했어?"라며 자신이 힘들었던 상황을 이야기한다. 여기까지만 들으면 아내가 산후우울증으로 남편을 힘들게 했을 거라 짐작이 된다. 하지만 좀 더 속내를 알아야 한다.

아기를 낳고 산후우울증으로 힘들어 하는 아내에게 남편은 이렇게 말했다.

"제발 유난 좀 떨지 마라. 애 혼자 낳았어? 우리 엄마는 애 셋 낳고 밭에 나가 일하셨어. 집에 오면 편히 쉴 수도 없고 시끄러워 죽겠다."

남편이란 인간이 이따위 말을 하다니 절대 용서할 수가 없다. 이런 말을 하는 남편이라면 포기하고 다른 사람을 통해 위안을 얻는 게 당연하지 않은가 하는 생각도 든다. 아내는 그렇게 힘들었던 과거를 떠올리며 말한다.

"당신 말, 잊을 수가 없어. 내가 제일 힘들 때 당신은 날 외면했어. 그동안 쌓아온 경력은 다 단절되고 사회에서 도태되고 난 뭔가 싫더라."

부부관계의 최대 위기는 첫 아이가 태어난 후 3년 안에 발생한다는 가족치료 전문가 존 가트맨 박사의 말이 딱 들어맞는 것 같다. 그토록 사랑해서 결혼한 아내에게 남편은 왜 이런 말밖에 하지 못했을까? 남편의 엄마가 남편에게 보여준 엄마 모습이 이런 것뿐이기 때문은 아닐까? 그러니 그 아들인 남편은 세상 모든 엄마는 다 그래야 한다고 생각하는 수준에서 한 치도 벗어나지 않았다. 희생과 봉사에 길들여진 남자가 그 희생과 봉사가 당연한 줄 알고 자신이 그렇게도 사랑하는 사람에게 다시 상처를 입힌다. 그럼에도 불구하고 자신의 잘못이 무엇인지도 모르고 오히려 아내에게 그 잘못의 원인제공자로 책임을 전가한다.

당신은 이런 모습이 대물림되길 바라는가? 우리 아이들은 엄마의 희생을 바라지 않는다. 물론 보살펴 주기를 바라지만 엄마도 기쁘고 행복한 방법으로 보살펴 주기를 바란다. 좋은 엄마가 되기 위한 자격요건은 매우 많을 것이다. 남들이 다 말하는 그런 조건들을 다시 말하고 싶지는 않다. 다만, 아무도 제대로 말하지 않는 엄마의 자격 조건 중 가장 중요한 것이 '엄마가 자신을 잘 지키고 키워나가는 것'이라는 걸 강조하고 싶다.

엄마로 사는 게 힘들 땐

아기도 한 살, 엄마도 한 살, 아빠도 한 살이다. 세상이 이런 일이! 머릿속으로 그림을 그려보자. 한 집안에 각각 한 살인 사람이 셋이나 있다. 다 같이 앵앵거리며 울고 있다. 우는 세 아기를 누가 보살펴야 하지? 이중 누군가는 이 세 사람을 잘 키우는 주양육자 역할을 해야만 한다. 당연히 아기는 아니다. 남편과 아내 중 더 잘할 수 있는 사람이 하기를 바란다. 아직 우리나라에서는 경험상 95% 이상이 엄마에게 그 역할이 쏠리고 있는 것 같다. 그럼 셋을 잘 키우기 위한 준비운동도 하고, 마음의 준비도 하자. 그렇지 않으면 아이의 눈에는 든든하지 않을 것 같다.

"엄마, 사는 게 힘들어?"

"왜? 엄마가 사는 게 힘들어 보여?"

"응, 왜 그렇게 화를 자주 내?"

"네가 잘못했으니까 그렇지. 너만 잘하면 화 안 내."

아이와 이렇게 대화를 끝냈지만 사는 게 힘드냐고 묻는 아이의 말이 계속 귓가에 맴돈다. '아이의 눈에도 내가 사는 게 힘들어 보이는구나. 그래, 힘들어. 엄마로 사는 게 이런 건줄 몰랐어. 너한테 화낸 거 아냐. 그냥 화가 나. 화내지 말아야지 마음먹는데 그렇게 안 되는 건 아마 나한테 화가 나서 그런 것 같아.'

아직도 엄마는 희생해야 한다고 생각하는가? '희생'의 원래 뜻은 '천지나 종묘에 제사를 지낼 때 제물로 쓰는 살아 있는 소'를 일컫는 말이었다. 어떤 사물이나 사람을 위해서 자기 몸을 돌보지 않고 자신의 목숨, 재산, 명예 따위를 바치거나 버린다는 의미이다. '희생'은 사람이 하기엔 너무 버거운 일이다.

20년간 쓰러져 누워 계신 시어머니를 봉양하느라 자신의 삶을 희생한 어떤 며느리를 만났다. 효부상이라는 상장과 사진이 남았지만 늙은 그녀는 자신의 삶에서 의미를 찾지 못했다. 자신의 희생에 대한 보상을 받고 싶었지만 아무도 그 보상은 해주지 않았다. 부모를 위한 희생과 그 희생으로 인해 자식을 마음껏 키우지 못했다는 자책감에 자식 앞에서 떳떳하지 못했고, 희생을 강요한 부모에게는 원망만 남아 노년을 보내는 마음은 팍팍하기만 하다. 게다가 자신이 시어머니에게 했던 만큼 자신을 살펴주지 않는 며느리를 원망하고 욕하느라 그녀의 인생을 허비하고 있었다. 그런 그녀를 바라보는 자식들의 마음은 뭐라 말할 수 없이 불편하기만 하다.

아이는 희생하는 엄마를 싫어한다. 더 이상 엄마의 희생을 아름답게 포장하지 않았으면 좋겠다. 자신의 행복을 추구할 권리를 잃거나 포기하지 말기 바란다. 그래서 엄마 자격시험이 있다면 거기엔 엄마가 자신을 얼마나 잘 챙기고 보살피는가 하는 항목이 들어가야 한다. 엄마의 희생은 더 이상 엄마 역할의 제1번지가 절대 아니다.

준비와 학대 사이

여기 한 여자가 있다. 그 여자의 나이는 32세, 엄마로서의 나이는 4세. 그녀는 반복되는 육아와 가사일로 인해 삶의 만족도와 성취감이 추락했다. 열심히 직장일도 하지만 아무도 그녀의 수고를 알아주지 않는다. 도와주는 척 시늉만 하는 남편에 대한 원망과 분노도 쌓인다. 징징거리고 떼쓰는 아이를 어떻게 해야 할지 몰라 하루 종일 허둥지둥, 우왕좌왕한다.

아이를 돌봐주는 (시)부모님과의 관계와 육아 시설을 찾는 일은 제일 큰 숙제다. 게다가 이 모든 것들은 늘 한꺼번에 처리해야 한다. 아직 4살밖에 안 된 엄마에게 요구되는 일은 20년 정도의 경력을 지닌 사람이 할 수 있는 정도의 수준이다.

준비 없이 엄마가 된 사람이라면 모두 겪게 되는 과정이다. 엄마로 조금만 살아보면 알겠지만 이런 일은 당연히 생길 수밖에 없는 일들이다. 다만 이런 일을 대비해서 자신은 어떻게 엄마 역할을 할지 준비가 필요하다. 제대로 준비되지 않은 채 엄마로 살다보면 꼭 부작용이 생긴다.

미국의 〈nanny 911〉이라는 프로그램을 보면 한국 엄마만 이러고 사는 게 아니구나 싶다. 영어를 몰라도 엄마의 머리 뚜껑이 열리는 게 눈으로 확실히 보인다. 그런데 재밌는 건 남의 상황이라 그런지 저런 상황에서 어떻게 해야 할지 나도 모르게 마음속으로 충고하고 있다는 사실이다. 2~3명의 아이와 엄마와 아빠가 아침마다 전쟁을 치르고 있는데 그걸 화면으로 보고 있는 나는 '날마다 저런 상황일 텐데 미리 준비 좀 잘하지!' 하는 마음이 든다.

뒤집어 생각해 보면 나 스스로도 준비만 잘하면 저런 상황에서 좀 더 수월하게 지낼 수 있다는 말이 된다. 그렇다면 어떤 준비가 필요할까?

'아이에게 무엇을 해준다'라는 개념으로 준비하지 말자. '나 스스로가 좀 더 우아한 아침을 맞이하려면 어떻게 할까?'라는 마음으로 준비하자. 지금까지 물리적인 준비만 생각하고 살아왔다. 이젠 심리적 준비를 생각할 때다. 아침에 모닝커피 한잔 마시는 여유도 갖고 싶다면, 아이를 깨우러 4~5번씩 왔다 갔다 하지 않고 깨울 수 있어야 한다. 그러려면 전날 미리 아이와 약속을 하거나, 아이가 좋아하는 기분 좋은 음악을 틀어주거나, 4~5번 왔다 갔다 할 시간에 아이의 몸을 전신마사지 해주는 게 기분 좋고 우아한 아침을 맞이하는 비결이다.

엄마의 심리적 준비가 아침 상황을 아주 많이 다르게 할 수 있다. 아이들에게 무엇을 해야 한다가 아니라, 내가 행복한 아침을 맞이하겠다는 마음의 준비만 있어도 우리 가족의 아침은 훨씬 아름답고 평화롭다.

이런 심리적 준비가 부족하면 아주 심각한 부작용이 발생하기 시작한다. 나도 모르게 우리 아이를 학대하게 된다는 사실이다. '학대'라는 용어에 기분이 나쁠 수 있다. 그래도 잠시만 살펴보자. '학대'에 대한 법적인 의미부터 살펴볼 필요가 있다. 필자가 절대 겁주거나 과장한 말이 아니다. 아동복지법에서 정하고 있는 아동학대에 관한 내용을 알지 못한 채 아이를 키우면 안 될 것 같다. 엄격하게 법 적용을 한다면 솔직히 아이를 학대한 경험이 없는 엄마는 별로 없지 않을까?

제2조(용어의 정의)
'아동'이라 함은 18세 미만의 자를 말한다.
'아동학대'라 함은 보호자를 포함한 성인에 의하여 아동의 건강·복지를 해치거나, 정상적 발달을 저해할 수 있는 신체적·정신적·성적 폭력 또는 가혹행위 및 아동의 보호자에 의하여 이루어지는 유기와 방임을 말한다.

제4조(책임)
아동의 보호자는 아동을 가정 안에서 그의 성장 시기에 맞추어 건강하고 안전하게 양육하여야 한다.

여기서 아동에 대한 적극적인 가해행위뿐만 아니라 소극적 의미의 방임행위까지 아동학대에 포함된다는 사실이 중요하다. 대부분 신체적 학대와 성적 폭력은 학대라는 사실을 정확히 알고 있다. 그런데 정서적 학대와 방임은 학대라는 개념으로 생각하지 않는다. 이제 우리의 생각체계를 조금 바꿀 필요가 있다. 정서적 학대와 방임의 구체적인 모습도 알아야겠다.

정서학대(Emotional Abuse)(아동복지법 제3조 제7호)

보호자나 양육자가 아동에게 언어적 모욕, 정서적 위협, 감금이나 억제, 기타 가학적인 행위를 하는 것을 말한다. 언어적, 정신적, 심리적 학대라고도 한다. 정서 학대는 눈에 두드러지게 보이는 것도 아니고 당장 그 결과가 심각하게 나타나지 않기 때문에 그냥 지나칠 수 있다는 점에서 더욱 유의해야 한다.

▶ 구체적인 정서학대 행위
- 원망적 거부적 적대적 또는 경멸적인 언어폭력 등
- 잠을 재우지 않는 것
- 벌거벗겨 내쫓는 행위-삭발을 시키거나 강제로 머리를 자르는 행위
- 형제나 친구 등과 비교하는 행위, 차별, 편애
- 가족 내에서 왕따시키는 행위
- 아동이 가정 폭력을 목격하도록 하는 행위(아동이 보는 앞에서 자주 부부싸움을 하거나 배우자를 폭행하는 행위 등)
- 아동을 시설 등에 버리겠다고 반복적으로 위협하거나, 짐을 싸서 내보내는 행위
- 미성년자 출입금지 업소에 지속적으로 아동을 데리고 다니는 행위

- 돈을 벌어 오라고 위협하거나, 아동의 나이에 적절하지 않은 과도한 일을 시키는 행위
- 보호자의 종교행위 강요
- 다른 아동을 학대하도록 강요하는 행위 등

방임 (Neglect)

방임을 하면 아동이 위험한 환경에 처하거나 충분한 영양을 공급받지 못해 발육부진이 되는 경우가 많으며, 나이 어린 아동에게는 치명적인 결과(장애)를 가져오거나 사망에까지 이르게 한다. 또한 발달상황에 놓여있는 아동에게 다양한 측면에서 잠재되어 있는 파생적인 문제들이 발견될 수 있다. 예를 들면 청결하지 않은 외모에서 오는 집단 따돌림, 사회문제행동의 피해자 혹은 가해자가 되기도 한다. 유기란 보호자가 아동을 보호하지 않고 버리는 행위를 말한다.

▶ 방임의 유형

−물리적 방임

기본적인 의식주를 제공하지 않는 행위, 상해와 위험으로부터 아동을 보호하지 않는 행위, 불결한 환경이나 위험한 상태에 아동을 방치하는 행위, 아동의 출생신고를 하지 않는 행위, 보호자가 아동들을 가정 내 두고 가출한 경우, 보호자가 아동을 병원에 입원시키고 사라진 경우, 보호자가 아동을 시설 근처에 두고 사라진 경우, 보호자가 친족에게 연락하지 않고 무작정 아동을 친족 집 근처에 두고 사라진 경우 등

−교육적 방임

보호자가 아동을 학교(의무교육)에 보내지 않거나 아동의 무단결석을 허용하는 행위, 학교 준비물을 챙겨주지 않는 행위, 특별한 교육적 욕구를 소홀히 하는 행위 등

※ 의무교육은 6년의 초등교육 및 3년의 중등교육을 의미함
※ 무단결석이란 정당한 사유 없이 계속하여 7일 이상 결석을 하는 경우

-의료적 방임
아동에게 필요한 의료적 처치를 하지 않는 행위, 예방 접종이 필요한 아동에게 예방 접종을 실시하지 않는 행위, 장애 아동에 대한 치료적 개입을 거부하는 경우 등

다시 한 번 법을 잘 지키며 살아야겠다는 생각이 든다. 누군가 법을 어기면 이렇게 충고할 것이다.

"감옥 가고 싶으세요?"

범법자가 되지 않기를 바란다. 엄마도 준법하며 살기 바란다. 하지만 솔직히 말해서 아동복지법을 어기지 않고 대한민국에서 엄마 역할을 해야 한다는 게 막막해지는 것도 사실이다.

열두 번째 깨달음

아이 마음속 보물을 더 많이 찾아낼 줄 알았더라면

난 포장이 필요해

"전 제 존재 그대로 좋아요. 전 정신적 치유를 원해요. 분노를 조절할 수 있으면 더 좋고. 치유가 되면 성장은 자연스러운 일이죠. 전 저를 제어할 수는 있어요. 좀 더 원한다면 잘 푸는 것 정도?"

중학생 아이가 하는 말이 꽤 그럴 듯하다. 이 친구는 말을 멋들어지게 잘한다. 철학적 표현을 즐기며 뭔가 있어 보이게 행동하는 데 이력이 나 있다. 분명 심리적 불편함이 있어 상담실까지 왔음에도 불구하고 아이가 묘사하는 언어는 멋있게 포장되어 있는 느낌이다.

포장을 벗기면 어떤 모습이 웅크리고 있을까? 두 달 내내 비슷한 말만 계속한다. 이 아이, 속은 텅 비어 있으면서 남들 보기엔 그럴 듯해 보이기를 바랐던 나의 청소년기를 보는 것 같은 느낌이다. 그 친구의 말과는 다르게 진짜 바라는 건 이런 게 아닐까?

"제가 저를 좀 좋아했으면 좋겠어요. 치유보다 성장을 원해요. 내가 뭔가 발전한다는 생각이 든다면 마음이 조금 힘든 것쯤은 견뎌낼 수 있어요. 한 달 전이나 1년 전이나 하나도 변하지 않는 내가 너무 싫어요. 나 자신을 잘 조절할 수 있으면 좋겠어요. 노력한다고 마음먹어도 공부가 안돼요. 책상에 앉아 있어도 딴 생각만 나요. 뭘 제대로 하는 게 하나도 없어요."

이제 아이와 이야기를 나누며 포장 속에 들어있는 아이의 진짜 바람이 무엇인지 찾아가보기로 한다.

상담사 제어와 푸는 것의 차이는 뭐니?

아이 제어는 교실에서 화가 나면 꾹꾹 참고 있다가 집에 가서 잠을 자는 거죠. 근데 그건 개한테 목줄을 매달아서 말만 잘 듣게 하는 거지, 진짜 듣게 하는 건 아니에요. 잠을 자면 잠시 잊는 거지 푸는 건 아니니까요.

상담사 풀고 싶은 게 뭐니?

아이 믿는 친구가 배신을 했어요. 난 예전엔 순수한 아이였죠. 누구를 의심하지도 않았어요. 그런데 그런 일이 있고 난 뒤부터는 모든 사람을 의심하게 됐어요.

상담사 배신당한 내용도 궁금하지만 그건 다음에 얘기해보자. 우선 내가 궁금한 건 왜 한 명한테 당한 일을 세상 사람 모두에게 적용하니? 그럼 나도 거기에 해당되는 거야?

아이 네.

상담사 난 너와 만나서 이야기 나누는 두 달 동안 단 한 번도 거짓말한 적도 없고 약속을 어긴 적도 없는데 왜 나도 못 믿니? 이건 말이 안 되잖아.

아이 ……

상담사 혹시 그 친구의 일이 계기가 되긴 했지만 원래 사람들을 잘 못 믿었던 거 아닐까?

아이 그런 것도 같아요.

상담사 언제부터?

아이 잘 모르겠어요.

언제 어떤 경험에서부터 시작된 것인지 모르지만 아이는 배신한 친구로 인해 자신의 내면의 사고가 드러났다. 그 친구로부터 시작된 불신이 아니라 어쩌면 그 이전부터 그런 생각을 갖고 살아왔는지도 모른다. 다른 이야기를 나누어도 이런 모습은 드러날 것이다. 속에 뭔가 쌓였었는데 돌부리에 걸리니 그 돌에 화풀이하는 것 같다.

그 속에 무엇이 있을까? 경험적으로 볼 때 사소한 일에는 관심 없는 척하고, 남들에게 뭔가 있어 보이려고 멋진 말로 자신을 포장하는 아이들은 공통적으로 성취욕구가 높다. 세상에서 제일 잘하고 싶지만 잘할 수 있는 게 없으니 지레 포기하고 겉으로는 아닌 척, 관심 없는 척, 더 우월한 척하며 지내는 경우가 많다. 그리고 자신의 허물은 남 탓으로 넘기는 것이다.

이런 경우 학교 성적에서의 좌절감이 아이에게 미치는 영향이 큰 경우가 많아 공부와 성적이야기를 나누어 본다.

상담사 한글은 몇 살 때 깨쳤어?

아이 아! 묻지 마세요. 한글 배울 때 울면서 배웠어요. 잘 못한다고.

상담사 잘 못할 수는 있지만 왜 울었어?

아이 못하면 맞으니까. '가나다라'를 잘 구분 못해서 '가나라다' 어쩌고 하다 계속 혼났어요.

공부를 가르치기 위한 엄마의 훈계와 꾸지람 폭격에서 아이는 스스로 '나는 노력하지 않는 아이'라는 부정적 자기 인식이 생겨나기 시작했다. 또한 '노력해도 능력이 부족해 잘할 수 없는 아이'라는 인식도 생겼다. 이런 부정적인 확신을 가졌으니 아이는 늘 화가 난다. 마치 남에게 화를 내고 있는 것 같지만 사실은 자신에게 화를 내고 있는 것 같다. 아이는 자신의 상담 목표를 '정신적 치유'라 말하고 화를 누그러뜨려 주기를 바란다.

아이는 자기 스스로 찾지 못했고, 부모가 도와주지 못했고, 지금까지 만난 선생님에게서도 얻지 못했던 뭔가를 바라고 있다. 그게 무엇일까? 자신이 무능력하고, 노력해도 결과는 뻔할 거라는 부정적 생각을 하면서도 포기하지 않고 뭔가를 움켜쥐고 있다.

그게 무엇일까? 아직 드러나지 않은 그것에서 아이는 희망을 찾으려 한다. 그리고 그 뭔가가 분명히 있다는 확신이 든다. 이제 그것을 찾아봐야겠다. 아이와 대화를 계속 해본다. 아무래도 학교 성적이 지금 현재 아이의 정서에 치명적인 영향을 주고 있는 것 같아 대강의 성적을 물었다.

아이가 움켜쥐고 붙들고 있던 것

상담사 학교 성적은 어때? 대강만 말해줄래?

아이 점수는 절대로 안 말해요. 말하면 부끄럽죠. 제 몸 구석구석 다 숨겨 놓았어요. 다시는 생각하기도 싫은 점수예요. 제 생각 속에 자물쇠로 잠가 두었어요. 그러다 잊어 먹겠죠. 진짜 못했어요.

상담사 요즘은 어때?

아이 지금은 공부하고 있어요.

상담사 왜 그렇게 노력하기로 했어?

아이 이대로 살 순 없으니까.

15살밖에 안 된 아이가 '이대로 살 순 없으니까'라고 말한다. 아이가 바라는 건 지금 모습과는 다른 자신이다. 지금까지 성공한 적은 없지만 그래도 놓지 못하고 있는 건 더 나은 자신의 모습이다. 그렇게 되고 싶어 아이가 안간힘을 쓰고 있는 것 같아 마음이 아프다. 중요한 건 아이의 부모는 아이의 이런 모습을 몰라보고 게으르다고 성실하지 않다고 안타까워 한다는 점이다.

말은 이렇게 하면서도 아이의 표정에는 희망이 별로 보이지 않는다. 시무룩하고 또다시 실패할 것에 대한 걱정이 가득 차 있다.

상담사 근데 보통 사람이 노력하고 있을 땐 기대감이 생기는데 넌 별로 그런 변화는 없는 것 같아 보여. 혹시 노력하기는 하지만 결과가 자신이 없는 거야?

아이 뭐, 좀.

상담사 왜 노력해도 결과가 안 좋을 거라 생각해?

아이 노력해서 잘된 적이 없어요.

상담사 왜 잘될 거라고 믿지 못하지? 넌 네 스스로 뿌듯하다고 느낀 적 있어?

아이 거의 없죠. 맨날 그래요.

아이는 초등학교 1학년 때 받아쓰기 시험을 한번도 100점 받아본 적이 없단다. 그때 받아쓰기 시험을 공부하라는 엄마의 잔소리는 무시무시하게 많이 들었단다.

상담사 100점 받게 가르쳐 주지 못한 엄마를 원망한 적은 없니?

아이 없죠. 어떻게 원망을 해요. 내가 못한 건데.

상담사 아니야. 초등학교 1학년 받아쓰기 100점은 엄마 노력이야. 모두들 엄마의 노력으로 아이가 100점을 받지. 어떻게 어린 아이가 스스로 공부해서 100점을 받겠니? 그런 아이는 거의 없어. 잘하고 싶은 너를 도와주지 않은 엄마, 아빠에 대한 원망감이 없다는 게 이상하다. 그때도 너는 너 스스로 노력했어야 한다고 생각해?

마지막 질문에는 말이 없었다. 자신의 잘못이 아닐 수도 있다는 말이 아이에게 어떤 의미로 다가갈까? 아이는 자신의 모습이 싫어서 감추길 원한다. 노력하지 않는 자신의 모습을 스스로도 확인하고 싶지 않다. 그런데 전혀 생각해 보지도 않은 말을 들어서일까? 아이는 갑자기 말을 멈추었다.

생각할 시간을 주기 위해 잠시 침묵한 다음 이야기를 이어가려 했다. 아이가 자신에 대한 부정적 생각을 인식하고, 잘못된 신념들을 다시 끄집어내어 점검하고, 아이다운 모습으로 도움을 받을 수 있도록 하려면 넘어야 할 산이라는 생각이 들었다. 그런데 갑자기 아이가 먼저 "계속해요"라고 말했다. 아이는 내가 뭘 계속하기를 바라는 걸까?

상담사 뭘 계속해?

아이 그냥 지금 하는 거요.

상담사 지금 하는 거? 알았어. 내가 몇 가지 질문할 테니 넌 대답해. 넌 이런 기억들이 너무 싫어서 점점 무관심해지려고 애쓰는 것 같아. 맞니?

아이 네.

상담사 그런 네가 마음이 들지 않는 것 같아. 맞아?

아이 뭐, 그렇죠.

상담사 그럼 생각해 봐. 네가 너 자신을 마음에 들어 하는지.

아이 모르겠네요.

상담사 그럼 하나도 제대로 하는 게 없는 너 자신이 '찌질이, 못난이'라고 느껴져?

아이 그 말 삼가해 주세요.

상담사 찌질이?

아이 네.

상담사 알았어. '찌질이'는 금지어. 이런 기억을 드러내어 말하는 게 불편하니?

아이 괴로워요.

상담사 네가 잘하도록 키워주지 못한 것에 대한 원망감이 있는 것 같아.

아이 아니오. 그런 건 딱히.

상담사 그럼 네가 노력을 안 한다고 생각하니?

아이 네. 노력 안 하는 내가 마음에 안 들어요. 제가 원하는 건 내가 노력하고 애쓰는 거예요.

상담사 노력하려 하는 건 잘되니?

아이 몰라요.

상담사 현재 노력한다고 했는데 '노력해야 한다는 생각'과 '노력하는 행동'의 비율은?

아이 50:50

상담사 노력하는 행동을 얼마로 올리고 싶니?

아이 95%

상담사 50%를 95%로 올리려면 중간에 어떤 도움이 필요할까?

아이 노력이요.

상담사 그러니까 노력을 방해하는 요소가 많으니까 노력을 행동을 옮기도록 도와주는 아이템은?

아이 모르겠어요.

상담사 그럼 방해하는 요소는?

아이 불안감.

상담사 만일 95%로 노력하는 행동을 한다면 원하는 결과가 나올 것 같아?

아이 아니오.

상담사 왜 그 결과를 못 믿니?

아이 한 번도 그런 적이 없으니까요.

결국 다시 처음으로 돌아온다. 공부를 시작하는 어린 시절 처음부터 아이는 잘했던 경험이 없었다. 결국 엄마는 한 글자라도 더 가르치려 노력했던 일들이 아이에겐 노력해도 난 못할 거라는 치명적인 사고만 심어 주었다. 아이가 배운 건 글자가 아니라 바로 이 사실이다. 이제 아이 마음속 드러내고 싶지 않은 사실에 대해 언급하기로 하였다.

상담사 받아쓰기 몇 점이었어?

아이 몰라요. 기억 안 나요.

상담사 중1 때 성적은 어느 정도였어?

아이 기억 안 난다니까요. 진짜 못했다고요. 제가 기억 안 하려고 얼마나 노력했는데.

상담사 넌 점수를 절대 기억하지 못한다고 했는데 그게 아냐. 넌 확실히 기억하고 있어. 점수는 기억하지 못하지만 그것보다 더 중요한 사실, 네가 못했다는 사실을 확실하게 기억하고 있어.

이 말을 들은 아이가 갑자기 일어나며

"아! 이 상담 안 합니다. 하! 아무리 칼을 겨눠도 이 정도까지 쑥!"

그런데 이렇게 말하는 아이의 얼굴에 살짝 웃음이 보인다. 그 비언어적 신호에서 아이의 마음이 보인다.

"아, 미안 내가 너무 쑥 들어갔구나. 쏘리."

그렇게 말하니 가겠다던 아이가 다시 앉아서 낙서를 시작한다.

아이가 그린 그림이 자신의 느낌을 아주 제대로 표현했다.

"그 정도였어? 아, 정말 미안해. 살살할 걸."

"아, 그냥 계속해요."

아이가 앉더니 다시 말한다. 또 뭘 계속하기를 바랄까? 자신도 잘 몰랐지만 속에 움켜쥐고 있던 게 무엇인지 찾고 싶은 게 틀림없다. 이제 아이의 마음을 토닥여 주고 속에 숨어 있는 아이의 생명력을 찾아 주어야겠다.

아이 마음속에 숨은 보물찾기

상담사 넌 굉장히 잘하고 싶은 사람이야. 그렇지?

아이 잘하고야 싶죠. 마음대로 안 되니까 답답하죠.

상담사 근데 안타깝게도 네 마음에 들게, 뿌듯한 마음이 들게 성공한 경험은 없어.

아이 네.

상담사 언제부터 이런 걸 깨달았니? 네가 잘하고 싶은 사람이란 걸?

아이 몰라요.

상담사 그럼에도 불구하고 넌 포기하지 않고 노력하고 있어.

아이 네.

상담사 너 정말 대단하다.

아이 뭐가요?

상담사 한글을 배우기 시작한 6살부터 지금까지 약 10년의 세월이 흘렀는데 그동안 성공한 적이 한 번도 없는데, 그래도 계속 노력하는 네가 정말 대단하다. 네 속에 뭔가 있는 것 같아. 네 속에 있는 어떤 존재가 그렇게 강렬하게 움직이고 있는지 찾아내자. 선생님이 도와줄게.

아이 시간 됐죠? 갈게요.

인사하고 나가는 아이의 입가엔 씨익 미소가 떠오르고 목소리는 밝고 표정은 환하다. 이제 아이는 자신에게 보물이 있음을 알아차리기 시작했다.

보물을 찾아야 길이 시작된다

〈엄마가 꼭 믿어야 할 아이 마음속 보물의 존재〉

1. 아이 마음 깊은 곳에서 원하는 것은 엄마의 따뜻한 사랑과 관심이다.
2. 자신이 좋은 사람이고 멋지게 성장할 거라는 사실을 확인하고 싶다.
3. 문제 행동을 아무리 많이 해도 아이의 예쁜 본성은 살아있다.
4. 어떤 아이라도 다시 밝고 예쁜 아이의 모습으로 돌아갈 수 있다.
5. 아이들은 엄마가 그렇게 해주길 바란다.

문제 행동을 많이 하는 아이는 이미 흔히 말하듯 정신이 썩었을까? 너무 노는 데만 익숙해진 아이는 다시 마음을 다잡고 성실하게 살기가 어려울까? 문제가 너무 많았던 아이가 예쁜 모습을 되찾고 더 성숙해지는 것이 가능할까?

어떤 아이라도 자신이 잘 성장하기를 바란다는 사실을 믿는가?

상담실에서 만나는 아이들은 다양하다. 공부를 아주 잘하지만 더 잘하고 싶어 심리적 도움을 받으려는 아이부터 일진이나 학교폭력의 가해자가 되어 본 아이들도 있다.

아이들 마음을 보는 일이 서툴렀을 때에는 문제 행동 속에 가려진 아이의 보물이 잘 보이지 않아 의심할 때도 있었다. 내가 의심하면 아이도 그 상태에 머물렀다. 인간의 선한 본성에 대한 믿음으로 아직 보이지는 않지만 있을 거라 믿고 다가가면 그 보물은 모습을 나타내기 시작했다. 아이들도 자기 마음속에 보물이 있음을 알아차리는 순간부터 멋지게 그 보물을 갈고 닦기 시작했다.

자신도 있는 줄 몰랐던 예쁜 마음, 선한 마음, 성장에 대한 욕구들이 꿈틀대며 생명력을 얻기 시작한다. 엄마는 그 보물이 있음을 믿고 알아차리고 아이에게 보여주는 데까지만 하면 된다. 아이들은 그 때를 기다리고 있다. 물론 말은 쉽지만 만만치 않은 일이긴 하다. 하지만 바로 이 지점이 아이의 성장이 시작되는 출발점 중의 하나라는 것은 분명하다.

열세 번째 깨달음

한글을 빨리 가르치려 아등바등하지 않았더라면

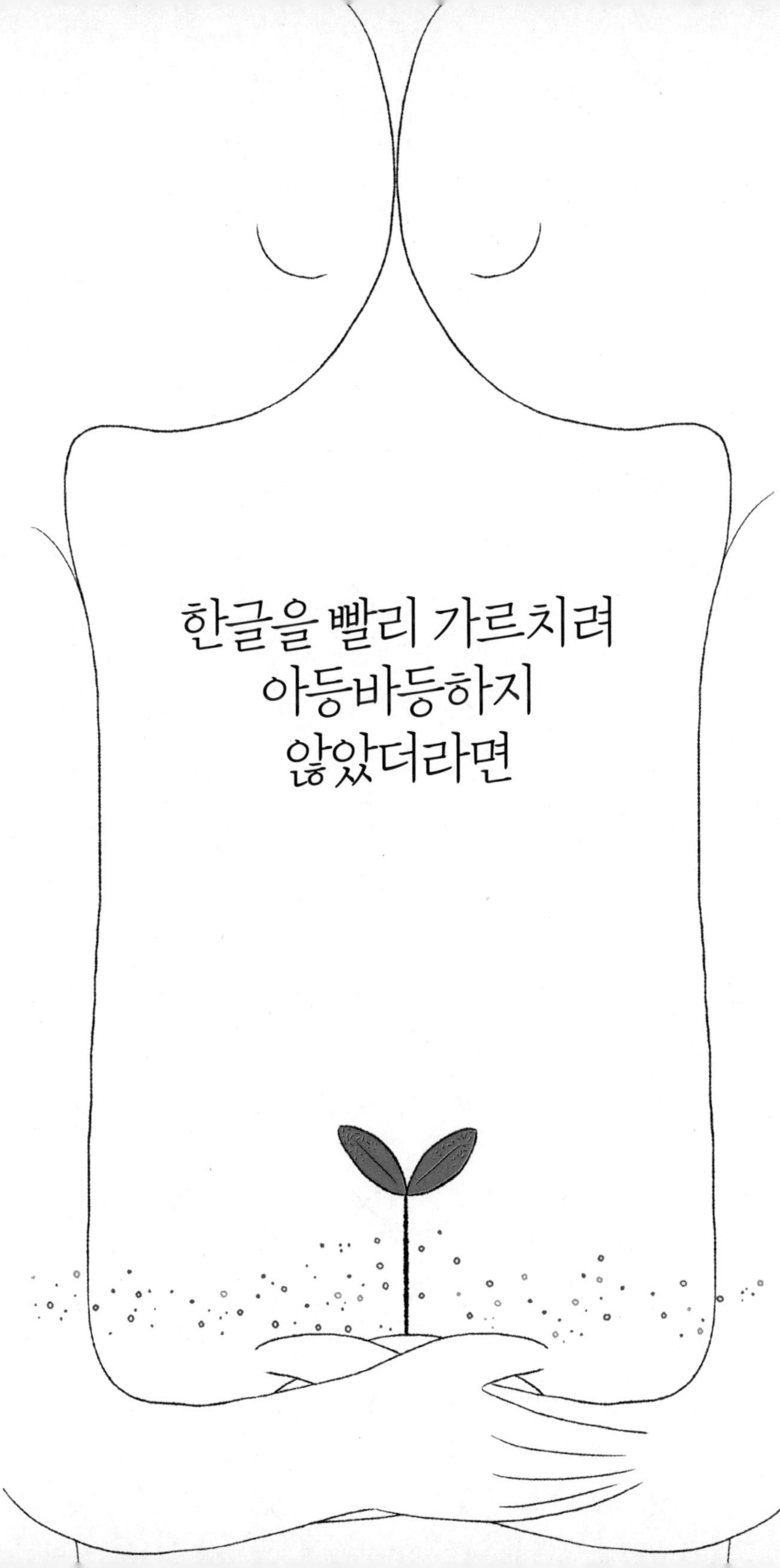

스스로 하는 일 VS 시켜서 하는 일

아이들이 하는 많은 일 중 엄마가 시키지 않아도 스스로 하는 일은 무엇일까? 차근차근 짚어보자.

'일어나기, 세수하기, 밥 먹기, 준비물 챙기기, 숙제하기, 공부하기, 운동하기, 놀기, 게임하기, TV 보기, 책 읽기'

아이가 하는 일을 적어 놓고 스스로 하는 일에 밑줄 그어보자. 몇 가지나 되는가? 스스로 하는 일이 많을수록, 자신을 성장시키는 일들을 자발적으로 하는 아이일수록 더 잘 자란다는 것은 너무 잘 알고 있다. 그런데 왜 어떤 아이는 스스로 잘하고, 어떤 아이는 시켜야만 억지로 하는 것일까? 그렇게 타고난 것일까? 세 아이를 다 명문대에 보내 주변의 부러움을 사는 한 엄마의 말을 통해 생각해보자.

"다들 원래 잘하는 애가 태어나서 그렇다는 식으로 말해요. 사실 우리 아이들 처음부터 잘하던 애들이 아니었거든요. 한글도 늦게 깨쳤고, 구구단도 친구들보다 잘 못 외웠던 아이들이에요.

그렇다고 학원 과외로 빵빵이 돌린 거 아니에요. 아이가 스스로 공부에 관심 가질 때까지 기다리고, 조금 관심 보일 때 계속 잘할 수 있도록 얼마나 신경 쓰며 아이를 키웠는데요. 학원도 꼭 필요할 때만 잠깐 다녔어요. 그러니까 더 그렇게 말하는 것 같아요. 제가 얼마나 아이들에게 스트레스 안 주려고 노력했는지, 목까지 차오르는 잔소리를 참으려고 얼마나 노력했는지는 볼 줄 몰라요. 그냥 저 엄마는 아무것도 안했는데 아이들이 알아서 잘한 것처럼 말해요. 아무리 말해도 믿어주지 않아요. 겉으론 우아한 백조 같아 보일 수 있겠지만 저는 물속에서 남들 안 보이는 곳에서 헤엄치느라 엄청 발버둥 쳤는데 아무도 그 노력을 몰라주지 뭐예요. 심지어는 시부모님까지 원래 씨가 좋아서 그렇다고 할 때는 진짜 열받아 미치겠어요."

누가 봐도 부럽기만 한 엄마가 뭐 이런 걸로 고민일까 하는 마음도 들지만 자신의 노력을 알아주지 않으니 얼마나 답답할까 싶다. 그런데 이분 진짜 훌륭하다. 이제 아이들 다 대학 보내고 이 정도는 그냥 흘려들으면서 충분히 남들의 부러움을 즐기며 살아도 될 것 같은데 자신의 마음속 평화가 깨지는 걸 그냥 놔두지 않고 해결하려 상담까지 받으러 오다니 말이다. 아마 이런 노력들이었을 것이다. 아이 마음도 이렇게 배려하며 무엇이 더 중요한지, 어떻게 해야 아이가 마음 편하게 공부에 집중할 수 있는지 열심히 살피면서 키웠을 것이다.

남들이 다 하는 방법으로 할 땐 고민이 적다. 하지만 조금이라도 남과 다른 길을 간다는 것은 엄청난 노력이 필요한 일이다. 이 엄마는 그 일을 해낸 사람이다. 아이 마음을 돌봐주고, 아이가 쉬고 싶다고 말할 땐 충분히 쉬게 하고, 놀고 싶다고 할 땐 맘껏 놀게 해주었던 사람이다. 말은 쉽지만 남들 다 학원 가고 아이 혼자 놀이터에 놀고 있으면 다른 엄마들이 말한다.

"저 엄마는 왜 애를 저렇게 방치해놔? 애 학원도 안 보내고 저렇게 그냥 놀게 하는지, 그러다 애 망치면 어쩌려고 저러는지 모르겠네."

엄마는 그런 비난과 눈초리도 다 감수해 낸 사람이다. 흔히 '아이 친구 엄마들'이라고 불리는 사람들은 자신과 다른 방식으로 아이를 키우는 사람들을 별생각 없이 비난한다. 그러다 그 방식이 옳았다는 게 증명되면 이제 그 방식을 위한 노력을 인정하기보다 원래 아이가 잘하는 애로 태어나서 그런 거라 치부해 버린다. 그러니 억울할 만도 하다.

'될성부른 나무는 떡잎부터 다르다'는 속담은 어린 아이의 행동을 보며 마치 장래를 점치 듯이 말하는 속담이다. 때로는 감탄해서 사용하기도 하고, 때론 내 그럴 줄 알았다는 식으로 '어린 시절부터 싹이 노랬다'는 말로 비유하기도 한다. 어찌 들으면 이 속담은 유전적인 요소를 말하는 것 같이 들리기도 한다.

하지만 그렇지 않다. 엄마 배 속에 있을 때부터 태교가 아이에게 미치는 영향을 우리는 경험적으로 아주 잘 알고 있다. 아이가 태어나서 생후 2~3년간의 엄마와의 안정적인 애착이 아이의 몸과 마음이 잘 자라는데 얼마나 큰 영향을 미치는지 너무 잘 안다. 그러니 될성부른 나무의 떡잎은 이미 좋은 환경과 양육을 제공받아 그렇게 자라고 있는 것이다. 우리 아이, 될성부른 떡잎으로 자라고 있을까? 그걸 알아보는 방법 중의 하나가 아이가 스스로 하는 것을 점검해 보는 일이다. 우리 아이 몇 가지나 스스로 하고 있는가? 아이가 스스로 하는 일들은 아이를 성장시키는 데 도움이 되는 활동들인가?

아이가 스스로 하지 않는 이유

아이들에게 아래의 표를 제시하고 자신이 하루 동안 하는 일들을 구분해서 적어 보라고 했다.

스스로 하는 일	시켜서 하는 일
옷 입기 책 읽기 놀기 TV 보기	세수하기, 이 닦기 학교숙제 하기, 학원숙제 하기 학습지 하기. 시험공부하기 동생이랑 놀아주기, 방 청소하기 운동화 빨기, 엄마 도와주기

스스로 하는 일이 하나도 없는 아이들도 많고, 그 칸에 무언가를 쓴다고 해도 그 내용이 주로 TV 보기나 놀기 등이 주를 이룬다. 그것도 자신의 의무인 숙제와 공부를 끝내고서야 약간의 자유를 얻을 수 있을 뿐이었다. 결국 스스로 하는 일이 별로 없다는 사실을 확인할 수 있다.

아이들의 답을 보니 마음이 짠해진다. 스스로 하는 일이 별로 없고 대부분 시켜서 하는 일이니 하루 생활이 얼마나 재미없을까? 아이들 마음을 좀 더 알아보면 좋겠다 싶어 아이가 '마음대로 할 수 있는 일'과 '마음대로 할 수 없는 일'이 무엇인지 물어 보았다.

마음대로 할 수 있는 일	연습장에 그림 그리기, 빈 놀이터에 가서 혼자 욕하기, 일요일 날 늦잠자기, 피아노 연습하기
마음대로 할 수 없는 일	TV 보기, 게임하기, 허락 없이 놀기, 마음대로 옷 입기, 선생님께 대들기, 엄마 아빠한테 대들기, 방 어지르기, 용돈 더 달라고 떼쓰기, 친구 만나기, 친구랑 놀기, 동생 괴롭히기, 음식 만들기, 음식 시키기, 용돈 마음대로 쓰기, 놀러가기, 핸드폰 마음대로 쓰기, 컴퓨터 마음대로 하기, 욕하기, 가출하기, 컵라면 사먹기……

마음대로 할 수 있는 일도 별로 많지 않다. 아이는 어리니까 당연하다고 말하기에는 왠지 꺼림칙하다. 이래도 되는 걸까? 어찌 보면 우리가 아이들에게 당연히 보장해 주어야 하는 인권조차도 무시되고 있는 건 아닌지 걱정된다.

그런데 이걸 보면 아이가 왜 스스로 하지 않는지 알 것 같다. 작은 자유도 누리지 못하는 아이, 스스로 뭔가를 해본 적 없는 아이가 어떻게 어렵고 재미없는 숙제와 공부를 스스로 할 수 있겠는가? 한글을 일찍 가르치려 엄마는 아등바등했지만 정작 아이는 스스로 하지 못하는 100가지 이유만 만들고 있었던 것이다.

이번에는 아이들에게 '스스로 하지 않는 이유'를 말해보자고 했다. 재미없어서, 어려워서, 힘들어서, 짜증나니까, 공부해야 하는 이유를 몰라서 등. 그중 가장 눈에 띄는 이유는 이거다.

'스스로 해본 적 없어서.'

그렇다. 엄마는 아이가 스스로 하는 경험을 하도록 내버려 두지 않았던 것이다. 교육의 목표가 무엇인지 이제 다시 생각해 보아야겠다. 다시 아이를 키운다면, 나를 포함한 엄마들에게 진심으로 당부하고 싶은 말은 이 말이다. 교육의 목표를 '아이가 좋아하는 일을 찾아 스스로 잘할 수 있게 도와주는 것'으로 삼으면 좋겠다. 엄마가 이 부분을 놓친다면 아이를 키우는 일은 더 어려워진다.

한글을 가르치려 아등바등하기보다

> 우리나라에서 출생아 수가 급격히 줄어드는 주된 이유는 자녀 양육에 따르는 경제적 부담 때문이라는 조사결과가 나왔다. 2013년 한국보건사회연구원의 '출산 및 가족정책 연구' 보고서에 따르면 우리나라 국민은 출생아수 감소의 주된 이유로 '자녀 양육비'와 '교육비용의 상승'을 꼽았다고 한다.
>
> -〈연합뉴스〉 2013. 8. 10

혹시 이 결과에 공감이 되는가? 만약 이 결과에 공감이 간다면 미혼이거나, 아이 낳기를 망설이거나 혹은 아이를 키우고 있는 엄마라도 모두들 이 조사의 이면에 깔려있는 자녀 양육비와 교육비에 대해 남들 하는 대로 지출하겠다는 생각에 동조하고 있다고 생각된다.

자녀 양육비와 교육비를 최소한으로 지출하면서도 아이를 잘 키울 수 있지 않을까? 공연히 분위기에 휩쓸려 명품 아기용품에 마음을 빼앗기지 않는다면, 사교육비에 큰돈을 쓰겠다는 생각을 하지 않는다면 가능하지 않을까? 교육비용의 상승을 걱정해서 결혼을 미루고 아이 낳기를 겁낸다는 것은 교육비용의 상승에 편승될 거라는 전제가 깔려있다.

그런데 내 경험으로는 정작 공교육에 부모가 직접 지출하는 돈은 상승되지 않고 있다. 20여 년 전 내가 아이를 키울 때는 정부의 양육비 지원이 거의 없었다. 지원받은 거라곤 아이의 탄생을 축하해주면서 동사무소에서 만들어준 1000원이 입금된 통장뿐이었다. 어린이집도 유치원도 모두 부모가 비용을 전액 지불해야 했고, 초등학교 급식비도 부모의 주머니에서 나갔다. 그러니 교육비용의 상승이라는 말은 대부분 사교육을 전제로 하는 말일 게다.

부모가 아이를 키우는 목표, 아이를 잘 가르치는 방법에 대해 생각하지 못하고 휩쓸려 갈 때 사교육비용은 상승할 수밖에 없다. 그리고 그렇게 편승해가는 생각의 기저에 깔린 가장 큰 목표는 아이가 공부를 잘해서 명문대에 진학하고 번듯한 직장생활을 해서 떵떵거리고 잘살게 되기를 바라는 것이 아닐까? 그러니 어떤 방법을 써서라도 아이에게 한글을 깨치게 하려고 아등바등하게 되는 것 아닐까?

한글, 2~3년만 지나면 하루라도 빨리 가르치려 노력했던 거 하나도 소용없다는 것 알게 된다. 지금 엄마가 된 대부분의 사람들은 한글 저절로 깨쳤다. 비싼 학습지나 교구 없이도 쉽게 한글을 깨쳤다. 한글 빨리 깨친 것과 공부 실력은 절대 비례하지 않는다.

수업 시간에 집중 못하고 공부가 세상에서 제일 싫다고 악을 쓰는 아이의 엄마가 이렇게 말했다.

"한글만 깨치면 저절로 다 되는 줄 알았어요."

명문대를 졸업한 어떤 사람은 이렇게 말한다.

"서울대만 가면 제 인생이 술술 잘 풀리는 줄 알았어요."

하는 말이 참 똑같다.

한글을 알아야 아이의 공부가 시작되고, 남들보다 일찍 깨치면 그만큼 더 공부를 잘하게 될 거라는 생각에 마음이 급하다.

하지만 초등학교 1학년 담임선생님들의 말은 다르다. 한글 다 알고 읽고 쓰는데 어려움이 없는 아이가 정작 수업을 따라가기 어려운 경우가 많다고 한다. 엄마가 책도 많이 읽어주고 학원도 많이 다닌 아이가 수업시간에 집중하지 못한다고 한다. 왜 집중하지 않냐고 물어보면 다 안다고 말하지만 진짜 제대로 알지는 못한다고 한다. 이런 아이는 어떻게 하면 좋겠냐고 오히려 내게 반문하신다.

한글을 일찍 깨우친 아이가 이해력까지 월등이 높은 경우가 드물다고 말한다. 오히려 늦게 배웠어도 호기심을 가지고 재미있는 놀이와 경험을 많이 해본 아이들이 이해력과 학습 동기가 더 뛰어나다고 말씀하신다.

아이를 가르치는 목표, 한글을 가르치는 목표가 무엇인가 생각해보자. 나는 왜 아이를 가르치려 하는가? 이 질문의 답 속에 아이를 키우는 방향이 이미 내재되어 있다. 엄마가 자각하든 하지 못하든 이미 정해진 길로 가면서 아등바등하게 된다. 배움이 즐겁지 못했던 아이는 다른 배움에서도 호기심을 잃는다. 글자는 알아도 이해하고 싶지 않은 아이들, 생각하기 싫어서 새로운 것도 배우기를 거부하는 아이로 커가고 있는 건 아닐까? 빨리 깨치려 노력한 게 그만 아이가 갖고 태어난 배움에 대한 호기심을 남들보다 더 빨리 잃게 만들어버린 것이다.

《그림책을 읽자. 아이들을 읽자》에서 내 마음에 쏙 드는 이야기를 찾았다.

나는 늘 고은이에게 마음이 쓰였지만 마흔 명이 넘는 아이들 속에서 정신없이 살다보니 그 아이에게만 전념할 수 없었다. 바쁘고 경황없는 가운데 나는 때때로 한글을 읽고 쓰는데 서투른 아이들을 남겨 놓고 그림책도 보여주고 거기에 나오는 낱말로 받아쓰기도 시키고 잘하면 사탕도 몇 개 더 집어 주었다. 다른 아이들은 사탕 얻을 욕심에 열심히 하는 시늉을 보이는데 고은이는 관심이 없었다. 받아쓰기를 할 때도 다른 아이들은 곁눈질로 동무 것을 흘깃거리는데 고은이는 연필 끝만 잘근잘근 씹을 뿐이었다. 그렇게 답답하게 1학기를 보냈다. 1학년 경험이 많은 선생님이 그랬다. 찬바람이 선들선들 불면 심봉사 눈 뜨듯 아이들이 글을 읽기 시작한다고. 그러니 너무 조바심 내지 말고 느긋하게 기다리라고 나를 타일렀다. 그러나 성질 급한 나는 설마 하며 그 말을 믿지 않았다. 그런데 2학기가 시작되고 얼마 지나지 않아 나는 깜짝 놀랐다. 고은이가 글을 술술 읽는 것이었다. 여전히 개미만 한 목소리에 귀를 바짝 들이대야 들릴 정도의 목소리였지만 또박또박 한 자도 틀리지 않고 읽는 것이었다.

아이들은 이렇게 배운다. 우리도 이렇게 배웠다. 그런데 왜 자꾸 까먹을까? 왜 자꾸 못 믿게 될까?

자유롭게 놀고 소신껏 행동하는 아이

아이를 키울 땐 나보다 몇 년 선배인 엄마들과 이야기를 자주 나누면 좋다. 아이 한글 가르치겠다고 비싼 교구 들이거나, 받아쓰기 점수 올리려고 아이와 기싸움을 하거나, 구구단 외우게 하느라 애쓰거나, 좋은 학원 보내려 정보를 찾아 해매는 엄마들에게 하나 같이 하는 말은 "그거 다 소용없어"이다. 나도 여러 번 들었던 말이고, 나 또한 후배 엄마들에게 종종해주는 말이다.

핀란드 유치원에서는 날마다 2시간은 바깥놀이를 한단다. 비가 올 때도 눈이 올 때도 바람이 불어도 바깥 놀이를 빠뜨리지 않는다고 한다. 내가 거기 사는 아이라면 참 좋을 것 같다. 아이 감기 걸릴까봐, 산성비 맞을까봐, 넘어질까봐 조금만 날씨가 궂어도 아이를 집안에서 보호하는 우리와 매우 다르다.

난 이런 게 너무 싫다. 비가 오면 비옷 입고 물웅덩이에서 장난도 쳐보면 좋겠다. 눈이 오면 눈싸움도 실컷 해서 감기 좀 걸리면 어떤가. 그렇게 자유롭게 놀아봐야 창의적인 생각도 더 잘하게 되는 것 아닐까? 스스로, 자발적으로, 마음대로 실컷 자신의 생각을 표현하고 세상을 경험해봐야 자신에게 닥쳐올 문제도 잘 해결할 수 있는 것 아닐까?

에르끼 아호 핀란드 전 국가교육청장은 이렇게 말한다.

"등수요? 어떤 아이는 달리기를 잘하고, 어떤 아이는 수학을 잘하고, 또 다른 아이는 음악적 소질이 뛰어난데 아이들의 순서를 어떻게 정한다는 말입니까?"

이 말, 동화에 나오는 말과 똑같다. 우리는 동화 속에서나 듣는 말인데 핀란드에선 현실이라고 말한다. 그렇게 아이들을 교육한다고 말한다. 우리가 그토록 부러워하는 교육환경이 이런 생각에서 시작되었다는데 따라 하기는 왜 힘들까?

2012년 미국 〈ABC뉴스〉는 주커버그의 하버드대학 룸메이트였지만 페이스북에 합류하지 않은 조 그린을 소개했다. 조 그린은 하버드대 재학 시절 페이스북 창시자인 마크 주커버그의 기숙사 룸메이트였고, 페이스북의 기반이 된 '페이스매시'를 주커버그와 함께 만들었던 멤버 중 한 명이다.

영화 〈소셜 네트워크〉에서 주커버그는 여자 친구와 헤어진다. 술 먹고 홧김에 여학생들의 사진이 있는 사이트를 해킹해서 페이스매쉬를 만든다. 페이스매쉬는 여학생들의 프로필 사진을 토너먼트식으로 대결하는 방식인데 이 사이트는 개설하자마자 4시간 만에 하버드대학 네트워크를 마비시킬 정도였다. 이

일로 근신 처분을 받았고 조 그린의 아버지는 주커버그와 어울리지 말라고 엄명을 내렸다. 이후 그린은 2004년 주커버그로부터 하버드를 그만두고 페이스북에 합류할 것을 권유받았지만, 아버지의 강력한 반대로 뜻을 이루지 못했다. 〈ABC〉는 그의 선택이 최소한 4억 달러를 공중에 날린 셈이라고 평했다.

만약 우리가 조 그린의 부모였다면 어떻게 했을까? 아마 당연히 그린의 아버지처럼 했을 것이다. 일탈 행위를 하는 친구와 어울리는 것 같은데 어찌 계속 어울리라고 말할 수 있겠는가?

내가 말하고 싶은 건 우리는 부모마음이라 어쩔 수 없이 통제하려는 속성에서 벗어나기 어렵겠지만, 최소한 우리 아이는 부모 말보다 자신의 판단에 따라 가끔 부모 말을 거역할 줄 아는 아이로 자랄 수 있기를 바란다는 점이다. 이런 소신은 좀 놀아본 아이들이 가능하지 않을까? 뭔가를 마음대로 해본 적 있는 아이가 가능하지 않을까?

스티브 잡스는 미국 스탠포드대학교 졸업식 연설에서 그는 자신이 대학을 그만둔 이유에 대해 이렇게 말했다.

"저는 제가 인생에서 하고 싶은 게 무엇이고, 대학이 그것을 알아내는 데 도움이 될지 알 수 없었습니다. 그런 상태에서 제 부모님은 평생 저축한 돈을 모두 제 학비로 쓰고 있었습니다. 그래서 저는 대학을 그만두기로 결정했습니다. 당시에는 조금 두려웠지만 돌아보면 제 인생에서 최고의 결정 중 하나가 되었습니다. 저는 중퇴를 하면서 전혀 관심이 없었던 필수과목을 그만 들어도 되었으며, 저에게 재미있는 과목을 들을 수 있었습니다. 제 호기심과 직감에 따라 행한 많은 일들이 후에 소중한 경험이 되었습니다."

빌 게이츠도 하버드를 그만두면서 반대하는 부모를 자퇴가 아니라 휴학이라는 말로 설득했다고 한다. 우리 아이들이 그들 같은 일을 할 수 있고 없고는 덜 중요하다. 최소한 자신의 호기심과 직감을 따라갈 수 있는 용기를 가진 아이로 자라면 좋겠다. 자신이 하고 싶은 일을 찾고, 그 일을 열심히 잘해 보려는 아이라면 부모 반대가 있어도 끝까지 설득하고 고집부리는 정도의 의지와 추진력이 있는 아이로 자라면 좋겠다. 이제 한글을 가르치려고 아등바등하는 건 정말 소용없을 거라는 생각이 든다. 거기에 곱게 순순히 따라오는 아이라면 나이가 들어도 부모 말을 거역하지 못하고 자신이 원하는 인생을 살기는 어려울 테니 말이다.

난 나 자신도, 내 아이도 그런 인생을 사는 건 정말 싫다. '찬바람이 선들선들 불면 심봉사 눈 뜨듯 아이들은 글을 읽기 시작한다'와 같은 여유를 갖고 아이가 자신의 인생을 찾아가는 걸 지켜보자.

열네 번째 깨달음

더 넓은 세상이 있음을,
그 세상을 만날 용기를
가르쳤더라면

넌 이럴 때 어떻게 하니?

나는 중학생이다. 개기일식을 관찰하려고 아파트 옥상에 올라갔다. 옥상에는 조명에 타 죽은 무당벌레 시체 수백 마리가 있었다. 무당벌레를 살리고 싶다는 생각을 했다.

나는 ______________________________ 했다.

나는 중학생이다. 한스 핸드릭스라는 사람이 아프리카에서 멀리까지 물을 뜨러 다니는 아이들이 편안하고 안전하게 물을 담아올 수 있는 도넛모양의 물통 Q드럼을 개발 보급하였다고 한다. 덴마크의 한 회사에서는 오염된 물을 먹고 사는 아프리카 사람들을 위해 정수기능이 있는 빨대 'life straw'를 디자인했다. 이런 기술을 적정기술이라 한단다. 나는 이 이야기를 듣고 가슴이 두근거렸다.

나는 ______________________________ 했다.

나는 중학생이다. 초등학교 4학년 때는 자연과학을 좋아했고 상도 탔지만 그게 끝이었다. 해를 거듭하며 성적은 내려가고 주변 사람들의 기대를 만족시키지 못했다. 중학생이 되었다. 누군가를 밟고 올라서느냐, 아니면 밟히고 도태되는가? 이런 무한 경쟁은 너무 싫고 혼란스러웠다. 나 자신한테 만족하지도 못했다. 그즈음 나는 활에 관심이 생겼다.

나는 ______________________________ 했다.

당신은 저 빈칸에 어떤 시나리오를 구성했는가? 아마도 무심코 써넣은 시나리오가 자신의 삶과 많이 닮아 있다는 생각은 들지 않는가? 아이들도 어른들도 살면서 저 정도의 호기심과 동기는 누구나 느낄 수 있다. 그런데 똑같은 느낌을 받아도 그 다음 선택하는 행동의 방향은 아주 다른 경우가 많다.

대부분의 사람들은 이렇게 말한다. 당장 중요하지 않은데 뭘 하겠느냐고, 해야 할 일은 많고 저건 급하지 않은데, 나중에 언젠가 기회가 되면 관심을 갖겠노라고 말한다. 그런데 우리 모두 살아봐서 알지만 이렇게 흘려 보낸 나의 작은 호기심들이 생명을 유지하는 경우는 별로 없다. 왜 그럴까? 자기 마음의 신호를 무시하는 이유는 여러 가지겠지만, 나는 그중 가장 큰 이유인 '용기'에 대해 말하고 싶다. 그래서 지금부터 용기 있게 전혀 다른 이야기를 만들어간 아이들의 이야기를 들려주려고 한다.

용기 있는 아이들

아이 1

2009년 7월 22일 아파트 옥상에 올라간 아이는 까맣게 타 죽은 무당벌레들을 보았다. 무당벌레는 살아있는 동안 약 4000마리의 진딧물을 잡아먹고 살충제를 대신해 주는 고마운 곤충이다. 무당벌레를 대신할 살충제를 뿌리면 땅이 오염되고 그 땅에서 자란 음식을 먹는 것은 결국 사람이다. 생각이 여기에 미친 아이는 무당벌레가 죽은 요인을 찾기 시작한다.

'무당벌레가 죽은 이유는 무엇일까?'

'무당벌레를 어떻게 하면 구할 수 있을까?'

아이는 이후 5년간 무당벌레를 살리기 위한 대장정을 시작한다. 거의 매일 같이 아파트 옥상에 올라가서 무당벌레 사체를 수집하고, 떼죽음의 원인을 찾기 위해 날씨와 온도를 꼼꼼히 기록하며 관찰일지를 작성해 나갔다.

"2009년 어느 날, 조명이 곤충에게 미치는 악영향을 연구한 독일의 논문을 읽게 됐어요. 무당벌레는 조명에서 나오는 자외선에 이끌리는 성질이 있는데, 그것 때문에 타 죽게 된 거였어요."

고마운 곤충을 죽이는 범인은 바로 아파트 조명이었던 것이다. 아이는 임시방편으로 무당벌레의 쉼터가 되어 줄 텃밭을 옥상에 가꾸기 시작했다.

"2010년 6월 13일, 고춧잎에 매달려 살아남은 무당벌레를 처음 발견했을 때 얼마나 기뻤는지 몰라요."

그런데 조명에 타 죽는 무당벌레의 수가 줄어들기 시작했지만 여전히 무당벌레 모두를 살려내기엔 역부족이었다. '조명'이라는 근본 문제가 남아있었기 때문이다.

고등학생이 된 아이는 학교의 창의체험활동에서 길을 찾기 시작한다. 학생

개인이나 팀이 창의체험활동을 찾아 나서면 학교가 이를 지원하는 프로그램이었다. 아이는 '인간과 자연의 공생을 위한 의식 개혁 프로젝트-옥상 조명에 의한 무당벌레의 피해, 그리고 그 개선 방안'이라는 거창한 이름을 내걸고 전문적인 멘토를 구하게 된다.

"멘토분들이 무당벌레를 살리기 위해서는 현재 메탈할라이드램프(전구의 복사열이 가시광을 발생시키는 고압방전등)에서 무자충램프(특수코팅제를 표면에 발라 자외선을 차단해 날벌레 접근을 막는 램프)로 교체해야 한다는 과학적인 의견을 주셨어요. 덕분에 연구를 훨씬 체계적으로 진행할 수 있었어요."

비용문제에 부딪쳤지만 아이가 하는 일이 알려지자 페인트 회사에서 옥상 조명에 바를 수 있는 자외선 차단 도료를 제공해 주었다. 도료를 바르자 조명에 타 죽는 무당벌레가 이전보다 70%나 감소하는 효과를 거두게 되었다. 그리고 아이의 노력을 세상이 알아주어 2013년 제1회 대한민국 환경조명대상에서 기술부문 우수상을 수상했다. 2014년 현재 고등학생 3학년 이환희 이야기이다.

아이 2

교수님은 우리에게 일인당 국민소득과 평균 수명의 관계를 나라별로 정리한 그래프를 보여 주셨다. 가로축도 최저, 세로축도 최저인 곳에 위치한 작은 나라들이 있었다. 콩고민주공화국, 말라위, 소말리아. 이곳에서 태어나는 아이들 중의 5분의 1이상이 태어난 후 5년 안에 열병으로 죽는다고 했다.

'이들의 이웃은 누구일까? 혹시 내가 이들의 이웃이 되어 줄 수는 없을까?'

바로 그때 교수님이 다음 슬라이드를 띄우셨다. '적정기술' 제목 바로 아래에는 도넛 모양의 파란 물통을 끌고 가며 환하게 웃는 흑인 남자아이의 사진이 있었다. 대체 저건 뭐지?

"이 물통의 이름은 영어 Q자 모양으로 생겼다고 해서 'Q드럼'입니다. 아프리카 같은 지역에서 멀리까지 물을 길러 갔다 오는 어린이들은 물통을 머리에 이거나 들어서 운반하는데 너무 힘들고 불편할뿐 아니라 바닥에 돌이 많이 깔려 있어서 위험했어요. 그래서 무거운 물통을 편하게 운반할 수 있는 방법을 고안한 것이죠. 물통 가운데에 난 구멍에 줄을 넣고, 그 줄을 잡고 물통을 끌면서 오면 훨씬 덜 힘들지요. 튼튼하게 만들었으니 울퉁불퉁한 바닥에서도 끄떡없습니다. 이것이 바로 적정기술입니다. 디자인과 공학에서 소외된 90%의 사람들을 돕기 위해 그들이 사는 환경에 적정한 제품을 디자인과 공학을 통해 만드는 것이죠. 적정기술은 사람의 체온이 느껴지는 따뜻한 기술, 착한 기술입니다."

-《소녀, 적정기술을 탐하다》 중에서

중학생 아이가 적정기술의 사례들을 들으며 점점 가슴이 두근거리고 설레어 한다. 자신이 좋아하는 디자인과 공학의 결합으로 소외된 사람들을 돕는 방법이 있다는 사실을 깨닫는다. 그리고 강연이 끝나고 교수님께 달려 나가 30분 동안 질문하는 용기를 발휘한다.

이후 이 친구는 그 교수님과 메일을 주고받으며 적정기술에 대한 자신의 꿈과 비전을 발전시키기 시작했다. 아이는 모처럼 찾게 된 꿈을 헛된 꿈으로 만들지 않기 위해 할 수 있는 노력을 다하는 용기를 발휘한다. 궁금증을 해소하고, 더 알고 배우기 위해 끊임없이 찾아다닌다. 연구를 거듭하며 감각통각장애가 있는 친구를 위해 적정기술을 적용하여 깔창을 제작하기도 한다. 그리고 자신의 이야기를 책으로 써낸다. 영어 공인점수도 없이 자신의 꿈을 당당하게 소개하고 외국어고등학교에 입학했다. 2014년 현재 고등학교 1학년 조승연의 이야기이다.

아이 3

테드(T,E,D)라는 강연회가 있다. 테크놀로지, 엔터테인먼트, 디자인의 첫 자를 따서 가치 있는 아이디어를 서로 공유하자는 취지로 매년 2월에 미국에서 열린다. 온라인에 공개되는 TED의 강연들은 조회 수가 10억 회를 넘을 만큼 인기가 많다. 거기에서 우리나라의 15세 소년이 강연을 했다. 서울 한복판에서 아주 평범하게 학교를 다니는 중학생이 어떻게 세계적인 강연회에서 강의를 하게 되었을까?

학업 스트레스로 혼란스러운 시기를 보내던 중학생 아이는 그나마 활에 관심을 갖게 되기 시작했다. 집 근처의 한강다리 방음벽 주변에 뽕나무가 많은 걸 발견하고 하교하는 길에 나무를 가져와 활을 만들기 시작한다. 대화를 나누는 마음으로 나무와 여러 가지 재료들로 정성을 다해 활을 만든다. 활을 만들고 쏘아보고 테스트하며 좀 더 정교하게 연구해 나간다.

이 모든 과정을 스스로 찾고 공부했다. 활을 만들어 동호회에 사진을 올리면 사람들이 즉각 반응을 보여주었다. 칭찬, 조언, 질타, 충고도 있었다. 아이는 기뻤다. 드디어 자신을 드러내 보이고 인정받을 곳을 찾아낸 것이다.

아이에게 활은 답답한 현실에서 숨통을 터주는 돌파구였다. 좁은 방에서 톱밥을 뒤집어써 가면서 활을 만들었다. 추운 겨울에도 활 재료를 구하러 다니고 만들고 테스트를 하였다. 짬짬이 시간을 내 작은 재료들을 구하러 다녔다. 친구들이 노래방을 가자고 할 때도 '미안하다' 말하고 자신은 활을 만들었다. 아이는 '나는 활을 하는 사람'이라는 자아를 갖게 되었다. 아이는 그렇게 자신만의 활을 완성해 세계적인 관심을 얻었다. 아이는 '아마추어'라는 말의 사전적 의미를 짚어주며 사람들에게 말한다.

"아마추어란 무슨 일을 대가 없이 순수하게 좋아서 몰두하는 사람이에요. 전 보상을 바라지 않고 진짜 아마추어로 사는 용기를 갖고 싶었어요. 저는 아마추어 장인이지만 프로처럼 필사적으로 했어요."

2014년 현재 고등학교 2학년 장동우의 이야기이다.

그 용기는 어디서 나왔을까?

이 아이들의 용기는 어디서 나왔을까? 호기심, 감동, 열정을 느껴졌을 때 남과 다르게 행동할 수 있는 용기는 어디서 생겨났을까? 이들이 무언가에 관심이 생겼을 때 그걸 그냥 흘려버리는 다른 사람들과의 차이는 어디서 시작되었을까?

만약 우리 아이가 이런 것에 대한 호기심을 표현했다면 우리는 뭐라고 말했을까? 아마 누군가는 분명 그 관심을 유지시킬 수 있도록 그 아이들의 의욕을 북돋아주지는 않았을까?

"그래? 궁금하면 네가 알아봐."

'용기' 하면 용감무쌍하고 오뚜기처럼 벌떡 일어나 마지막에 꼭 승리하는 사람을 떠올리게 된다. 그들은 마치 원래부터 용기란 걸 갖고 태어난 것처럼 보인다. 하지만 그럴 리가 없다. 누구나 비슷하게 태어나지만 살아가는 과정에서 용기 있는 첫걸음을 시작하게 된 동기가 있을 것이다. 실패가 두렵지만 다시 일어나 시도하는 용기, 거절당할까 무섭지만 타인에게 도움을 요청할 수 있는 용기, 무식하다는 놀림이 걱정되지만 모르는 것을 모른다고 인정할 수 있는 용기, 잘하진 못하지만 언젠가 잘할 수 있겠지 하며 버틸 수 있는 용기, '에이, 내가 뭘 저런 걸 해. 누군가 하겠지'라며 내 마음속 생각을 무시하지 않을 용기, 이런 용기들은 어떻게 시작되었을까?

어떤 이야기를 듣고 가슴이 두근거리는 사람은 많다. 나도 숱한 이야기를 들으며 가슴 두근거린 적이 한두 번이 아니다. 하지만 모두 흘려보냈다. 쑥스럽고, 방법을 몰라서였다. 쑥스러움을 이겨낼 용기, 방법을 알아가는 용기가 없어 나의 호기심의 싹들은 잎을 키우기도 전에 말라비틀어졌다.

저런 호기심에 시간을 빼앗기면 안 된다는 생각을 하는 건 아닐까? 그렇다면 그 또한 가치 있다고 느껴지는 일에 시간을 투자할 용기가 부족하다는 생각이 든다. 결국 똑같이 가슴은 두근거렸지만 그 다음에 선택하는 행동은 많이 다르다. 그걸 실천하는 정도는 자신이 가진 용기에 의해 아주 많이 좌우된다. 하지만 이렇게 용기 없음을 모두 자신의 탓으로만 돌리는 건 왠지 억울하다.

모든 엄마는 우리 아이가 앞의 아이들처럼 용기 있게 자신의 세상을 만들어가기를 바란다. 하지만 그렇게 하지 못한다고 해서 그게 모두 아이들만의 탓은 아닌 것 같다.

무당벌레에 관심을 갖고 옥상을 들락거리는 아이에게 누가 어떤 도움을 주었을지 생각해보자. 궁금증을 가지고 30분 동안 질문하던 아이가 어떻게 교수님께 메일을 보내고 그 관심사를 놓치지 않고 계속 키워갈 수 있었을지도 생각해보자. 15살밖에 되지 않은 아이가 어떻게 TED 강연회의 오디션에 참여하게 되었을까?

우리 아이도 이렇게 자라길 간절히 바란다면 저 아이들이 어떻게 그 일을 하게 되었는지 생각해 보아야 한다. 아이의 열정도 중요하지만, 그 능력을 발휘할 수 있도록 도와주는 사람 또한 중요하다. 능력과 열정의 꽃을 피우는 과정에서 아이에게 용기를 북돋아주고 다음 단계로 한걸음 걸어가게 하는 건 누구였을까?

생각해보자. 중학생 아이가 하라는 공부는 뒷전이고 엉뚱한 것에 관심을 가지고 하루 종일 매달려 있는데, 내가 그 아이의 엄마라면 박수치며 응원해 줄 용기가 있는가? 엉뚱한 짓을 한다며 수군대는 주위 사람의 시선을 막아내고 버틸 용기가 있는가? 저러다 성적이 떨어지면 어떡하나 하는 불안감을 이겨낼 용기는 있는가?

정말 내 아이가 저랬으면 하는 간절한 바람은 누구나 갖는다. 하지만 우리 아이가 저런 호기심을 보일 때 엄마는 용기 있게 아이의 호기심을 지켜낼 수 있을까? 저 아이들이 저렇게 훌륭한 일들을 이루어 내는 이면에는 불안과 걱정들을 용기 있게 떨쳐내도록 도와주는 누군가가 있었을 것이다. 아이의 열정이 더 큰 장으로 한발 내딛을 수 있도록 이끌어준 누군가가 있었을 것이다.

용기는 어느 날 샘솟듯이 그냥 생겨나지 않는다. 한걸음 한걸음이 모여 이루어지는 것이지 하늘에서 뚝 떨어지는 건 아닌 것 같다. 관심사를 연결하는 용기는 사람과 사람 사이의 관계에서 발생한다. 결국 관계 속에서 놀라운 일들이 만들어진다.

엄마는 아이가 용기 있는 사람이 되길 바란다. 그러기 위해 엄마가 용기가 있어야 한다. '나는 이미 실패했지만 너는 용기 있는 사람으로 자라길 바란다'라는 말에는 힘이 없다.

이렇게 한번 생각해보자. 어렵다고 생각되는 일, 불가능하다고 생각되는 일이 있다면 거기에 이런 전제를 붙여보자. '만약 내가 용기 있는 사람이라면, 용기 있는 엄마라면' 이 말만 집어넣으면 이상하게도 나의 과거와 달리 미래의 시나리오는 전혀 다르게 쓸 수 있다. 엄마가 약간의 용기를 가진다면 우리 아이의 인생 시나리오가 달라질 거라는 생각이 들지 않는가?

환희, 동우, 승연이 모두 "학생이 공부에나 신경 쓰지!"라는 말을 들었을 것이다. 부모도 처음부터 응원하고 도움을 주진 않았을 것이다. 속상하고 좌절감도 많이 맛보았을 것이다. 하지만 그걸 물리치고 한걸음씩 나갈 수 있는 용기가 생겼던 이유는 아이의 호기심과 꿈, 도전을 격려하고 지지해주는 사람이 곁에 단 한 명이라도 있었기 때문일 것이다.

환희는 이렇게 말한다.

"혼자서는 절대 해내지 못했을 일이에요. 학교와 협력사, 또 연구에 협조해주신 아파트 주민들께 감사드립니다. 저는 연구를 계속하며 학업에도 매진하고 있어요. 저도 제 꿈을 이뤄서 누군가의 꿈을 돕는 멘토가 되고 싶어졌거든요."

아이의 눈앞에 보이는 세상은 참 넓을 것 같다. 우리 아이도 이렇게 걸어서 더 넓은 세상을 만나면 좋겠다. 그 세상을 만날 용기를 줄 수 있는 단 한 사람이 엄마였으면 좋겠다.

열다섯 번째 깨달음

누구에게나
장애가 있음을
가르쳤더라면

아, 진짜 싫어!

학기 초, 초등학교 3학년 교실에서 한 아이가 싫다고 소리치며 교실에서 달려 나간다. 담임선생님은 아이를 좇아 따라나간다. 뛰어나간 아이는 수연이의 짝인 준혁이다. 준혁이는 짝이 싫다며 뛰어나갔다. 짝이 된 수연이는 다운증후군이다. 다행히 증세가 가볍고 일반 학교를 보내고 싶어 하는 엄마의 뜻에 따라 입학한 아이이다. 번호대로 짝을 정했더니 준혁이가 싫다고 외치며 뛰어나갔다. 겨우 따로 앉게 해주겠다고 달래서 데리고 들어왔다. 수연이와 떨어지게 앉혀 놓고 나니 짝이 없는 수연이가 안쓰럽다.

그 광경을 지켜본 아이들은 아무 말이 없다. 자신들도 수연이와 짝을 할 마음이 없을 뿐 아니라 수연이를 어떻게 대해야 할지 어떤 시선으로 바라봐야 할지 난감한 표정이다. 아이들은 수연이를 낯설어 한다. 낯설고 이상해서 가까이 가려 하지 않는다. 다행히 수연이 엄마는 상황에 대해 이해해 주신다. 아마 아이들이 수연이의 밝고 순수한 모습을 알게 되기까지 시간이 걸릴 거라며 오히려 담임선생님을 위로한다. 엄마와 수연이의 뒷모습에 선생님은 가슴이 먹먹해진다.

아이들이 모두 귀가 한 뒤 역시나 전화가 울린다. 준혁이 엄마다. 준혁이가 너무 힘들어 하니 수연이와 짝으로 앉히지 말아 달란다. 솔직히 선생님은 준혁이 엄마가 원망스럽다. 수연이가 어떤 아이인지 알지도 못하면서 장애가 있다는 이유로 엄마도 덩달아 자기 아이 힘들게 하지 말란다.

아이에게 장애에 대한 편견을 바꾸어줄 생각은 왜 하지 못할까? 엄마가 이러면 아이는 장애에 대한 편견이 더 강해질 수밖에 없다. 아마 그래서일까? 요즘 아이들이 장애인 친구에 대한 편견이 더 심하게 느껴진다. 예전엔 그래도 장애인 친구가 있으면 한둘쯤은 도와주려는 아이들이 있었는데 날이 갈수록 더 외계인 취급을 하는 아이들이 대부분이다. 왜 이런 현상이 나타날까?

선생님은 이런 생각을 해본다. 장애인을 위한 시설을 많이 만드는 건 좋지만, 그게 일반 아이들과 어울리는 경험을 더 방해하는 건 아닐까? 학교에서도 전보다 장애를 가진 아이들이 줄어드는 것 같다. 전체 인구의 약 10% 정도는 장애인인데 비장애 아이들은 장애가 있는 친구를 딴 나라 사람 보는 듯하고, 같이 있기를 불편해 한다. 아이들은 점점 더 장애인 친구를 멀리하려 한다.

장애아의 부모는 아이가 일반 학교에서 상처받는 걸 두려워해 보내길 꺼려한다. 요즘 아이들의 언어표현이 점점 거칠어지니 장애아의 부모들은 더 아이를 감싸고 내놓지 않으려는 경향도 느껴진다. 장애를 가진 것도 마음 아픈데 혹시라도 놀림이라도 받으면 더 큰 상처를 받게 될까봐 몸을 사리게 되는 것 같다.

그래서인지 인구 전체로 보면 장애인의 숫자가 줄어든 것 같지는 않은데 피부로 느끼는 건 다를 수밖에 없다. 통합교육이라는 거창한 이름으로 프로그램을 진행하기도 하지만 생활 속에서 자연스럽게 어우러지는 구조적인 개념으로 접근하지 않는다면 장애를 왜곡되게 이해하는 장애를 갖게 되는 건 아닐까? 수연이가 상처를 받는 것도 걱정되지만, 장애에 대한 왜곡된 사고를 갖게 되는 아이들도 걱정된다.

장애 없는 TV 프로그램

아이들이 좋아하는 디즈니 만화나 미국의 어린이 프로그램에서 장애인은 어떤 모습으로 등장했을까? 주인공은 거의 백인 여자와 남자였다. 애꾸눈 잭 선장, 한쪽 손이 없는 후크 선장, 등이 굽은 마귀할멈을 생각해보자. 유색인종과 장애인은 대부분 조연이나 악당으로 등장했다. 아주 어릴 적부터 이런 모습에 익숙해진 아이들은 멋지고 아름다운 백인 주인공에 대해서는 경외감을 갖게 될 것 같다. 반면, 장애인이나 유색인종에 대해 어떤 사고를 형성하게 될까? 유색인종과 장애인에 대한 이유 없는 차별의식이나 적대감, 혹은 공연히 나쁜 사람으로 인식하는 시선을 갖게 되지는 않을까?

아이들이 보는 만화나 방송에서 이런 현상은 아주 오랫동안 지속되었다. 그러다 다양성을 존중하는 목소리가 높아지면서 조금씩 변화를 맞게 되었다. 대표적인 변화로 2003년 영국에서는 새로운 미디어법을 제정하면서 지상파 방송의 어린이 프로그램이 다양성의 원칙에 입각해서 제작되어야 한다는 점을 강조하기 시작했다.

영국 BBC의 유아전문 채널 〈씨비비즈Cbeebies〉에서 진행자로 활동하는 세리 버넬은 한쪽 팔이 없는 장애인이다. 그녀는 오른쪽 팔꿈치 아래가 없이 태어났다. 대학에서 연극을 공부한 후 연기자로 활발하게 활동 중이다.

2009년 그녀가 처음 진행을 맡았을 때 방송국의 홈페이지 게시판에는 항의가 쏟아졌다. 장애인의 모습에 아이들이 겁먹거나 악몽을 꿀 것이라며 유아 프로그램의 진행자로 장애인은 적합하지 않다는 의견이었다. 이런 항의에도 불구하고 방송사는 아이들이 신체장애를 이해할 수 있는 계기를 만들어줄 것이며, 장애가 있음에도 불구하고 밝은 모습으로 활동하는 버넬이 아이들에게 더 도움될 거라는 입장을 밝혔다.

BBC의 대응이 참 마음에 든다. '장애는 이상하거나 부끄러운 것이 아니며, 장애인들에게도 모든 사회적 활동에 있어 동등한 기회가 보장되어야 한다는 것을 어린이들에게 가르쳐야 한다'고 강조하는 배짱 있는 방송이 우리나라에도 있었으면 좋겠다. 씨비비즈에서는 휠체어를 탄 장애인 캐릭터와 다운증후군이나 중증지체장애가 있는 어린이들이 고정출연하거나 자주 출연하여 모두가 함께 사는 사회임을 보여주고 있다. 이러한 영상에 익숙해진 어린이들은 일상생활에서도 소수인종이나 장애인들과 함께 살아가는 것에 대해 선입견 없이 친구로 이웃으로 받아들이게 되지 않을까?

우리나라 어린이 프로그램을 생각해보자. 2013년에 폐지된 32년 동안 진행된 유아 프로그램인 〈뽀뽀뽀〉에 장애인이 출연한 적은 거의 없다. 다른 프로그램도 별반 다르지 않다. 예쁘고 멋진 사람들만 나오는 영상물에 익숙한 아이들이 바로 옆에 있는 장애친구를 있는 모습 그대로 받아들이기는 어렵지 않을까?

물론 장애인이 주인공으로 등장하는 다큐나 뉴스 등에서 가끔 장애인을 만날 수는 있다. 하지만 그렇게 묘사되는 장애는 대부분 이분법적 이미지를 보여준다. '인간승리' 아니면 '동정의 대상'으로 비추어진다. 아이들에게 장애가 그런 식으로만 보이는 건 곤란하다. 바로 옆에서 만나는 장애친구는 약간의 도움을 필요로 할 뿐이지 동정의 대상은 아니다. 보통의 아이들과 똑같이 놀기를 좋아하고 쉽게 상처받는 아이이지, 엄청난 인내와 노력으로 바로 아이 앞에서 지금 당장 인간승리의 모습을 보여줄 수는 없다.

장애인이 장애인 프로그램에만 등장하는 게 아니라 일반 프로그램에도 등장해서 자연스럽게 어우러지는 모습이 더 바람직하다. 우리 아이가 장애가 있거나 없거나 어떤 경우든 모두 함께 어우러져 사는 세상임을 아이에게 가르쳐주면 좋겠다. 나보다 뭔가를 더 잘하는 사람이 나를 보면 그 분야에서 나는 수준 미달이다. 그런 나를 비난하고 깔보기만 한다면 나는 살아가기가 힘들어진다. 장애를 이런 차원으로 생각해 보아도 좋겠다. 어떤 분야에서 나보다 약간 기능이 떨어질 뿐이지 그 소중함이 떨어지는 건 아니다.

우리 아이에게 장애가 있다면

영화 〈말아톤〉에도, 고정욱 작가의 《엄마의 하루》라는 작품에도 이런 대목이 나온다.

"아이보다 딱 하루만 더 살고 싶어요."

이 말은 단순히 동화나 영화 속 이야기가 아니다. '자신이 먼저 죽으면 우리 아이는 어떡하나?' 하는 안타까움에 절로 드는 간절한 바람이다.

장애 복지 시설과 시스템이 부족한 우리나라에서 장애인 자녀를 키운다는 건 고통스럽고 힘든 일이다. 그러니 장애아의 엄마들의 입에서 똑같이 '아이보다 딱 하루만 더 살고 싶다'는 말이 나오게 된다. 세상을 떠나게 되는 그 순간에도 자식 걱정을 놓을 수 없는 것이다.

이건 옳지 않은 일이다. 그들에게 엄마가 세상을 떠나도 아이가 안전하고 당당하게 잘 살아갈 수 있을 거라 말해주고 싶다. 만약 아이에게 안전한 세상이라면 장애는 어쩌면 그렇게 큰 문제가 안 될 수도 있지 않을까?

가끔 이런 생각을 해본다.

'사람이 원래 하늘을 날 수 있다면, 날지 못하는 나는 장애인이다.'

장애는 상대적이다. 정상범주를 정해 놓고 거기서 조금만 다르면 장애로 본다. 90%의 사람들이 날개를 갖고 태어났다면 날개 없이 태어난 나는 틀림없이 장애인일 것이다. 이런 생각의 연장에서 만약 내가 장애가 있다면 애초에 원래 그게 정상적인 것이었다고 생각해 보는 건 어떨까? 너무 말도 안 되는 상상일까?

꼭 그렇지는 않은 것 같다. 팔다리 없이 태어난《오체불만족》의 작가 오토다케는 자신의 장애는 단순한 '신체적 특징'이라 말한다. 오토다케가 태어나자 모두들 놀라고 충격을 받았다. 병원측에서는 아기 엄마가 충격을 받고 정신을 잃을 것을 대비해 비상대기까지 시켰다고 한다. 하지만 그의 엄마는 태어난 아기를 처음 보자마자 이렇게 말했다고 한다.

"오, 귀여운 우리 아기! 정말 사랑스러워!"

그의 엄마는 어떻게 이런 말이 나올 수 있었을까? 아무리 생각해 봐도 엄마가 가진 장애에 대한 인식이 남달랐다는 생각이 든다. 그렇지 않고서야 어떻게 이런 말이 저절로 터져 나올 수가 있을까? 최근 한 엄마가 배 속의 아이가 다운증후군이라는 걸 알고도 아이를 낳았다는 말을 들었다. 장애가 있음을 알고도 아이를 낳는 엄마의 마음을 감히 가늠하기가 어렵다. 아픈 아이를 선택한 엄마와 아이에게 펼쳐질 삶이 가슴 절절하게 다가온다. 조심스레 그녀의 마음을 짐작해본다. 아마 그녀도 오토다케의 엄마처럼 아이를 세상에서 가장 예쁜 아이로 맞이했을 것 같다. 아이가 그렇게 태어나게 해서 미안하다는 말과 태어나줘서 고맙다는 말도 했을 것 같다. 그리고 아이와 함께 행복하게 살아갈 것이라 다짐할 것 같다. 엄마가 되지 않았더라면 이해하지 못했을 그 마음이 어렴풋이 가슴에 와 닿기 시작한다.

고인이 된 시각장애인 강영우 박사가 생각난다. 그는 동양인 최초로 부시 행정부 장애인 정책 차관보, UN세계장애위원회 부의장으로 활동하였다. 그의 삶의 모습에서 장애아를 키우는 길을 찾아보면 어떨까? 너무 훌륭한 사람이라 보통 사람은 따라 하기 힘들다 생각되면 그가 아이에게 아버지의 장애를 어떻게 이해하게 했는지 살짝 엿보면 좋겠다.

어린 아들이 기도한다.

"하나님, 우리 아버지의 눈을 고쳐 주세요. 우리 아버지는 눈이 보이지 않아 저와 같이 야구도 못해요. 같이 자전거도 못 타고요."

아버지 강영우는 아들에게 다른 깨달음을 주고 싶었다. 눈은 보이지 않지만 그럼에도 불구하고 할 수 있는 것을 보여주기로 마음먹는다. 그날 밤 아버지는 아들의 방에 불을 끄고 조용히 다가가 점자로 된 책을 읽어주기 시작했다. 어둠 속에서 책을 읽어주는 아버지를 보며 아이는 무슨 생각을 하게 되었을까?

"아버지가 한 번도 장애인이라고 생각한 적 없어요."

아버지의 장애를 안타까운 마음, 속상한 마음으로 기도하던 아이가 커서는 이렇게 말한다. 이건 거짓이 아니라 '어둠 속에서 책을 읽는 기적'을 행하는 아버지를 보면서 이후 아버지를 새로운 시각으로, 남다른 시각으로 볼 수 있었기 때문이라는 생각이 든다.

중학교 때 축구공에 맞아 시력을 잃게 된 강영우 박사와 비슷한 사연을 가진 청년이 있다. 그 역시 고등학교 때 축구공에 맞아 시력을 잃게 되었다. 안 보이게 되었다는 사실보다 안 보이기 때문에 할 수 없을 것들이 더 걱정되었다고 한다.

'공부는 계속할 수 있을까? 직장을 갖고 먹고 살 수 있을까?'

할 수 없는 것들 때문에 생겨난 미래에 대한 불투명성이 더 힘이 들었다고 말한다. 또 '장애'와 '극복'이라는 단어는 어울리지 않는다고 말한다. '극복'이란 그 어려움으로부터 벗어났다는 의미가 있는데, 장애는 사실 시간이 아무리 지나도 항상 답답하고 원망스러운 마음이 있다고 했다. 당연히 평생의 짐이 되는 장애를 어떻게 즐겁게 받아들일 수 있겠는가. 그래도 처음보다는 점점 적응이 되고 있고 자신감도 점점 올라오고 자신이 원래 하고 싶었던 것들, 잃어버린 줄 알았던 꿈들도 다시 찾아갔다고 한다.

처음 대학 입시를 위한 수능시험을 볼 땐 시험시간이 부족해서 문제도 다 못 읽었다. 뒤쪽에 있던 문제는 알아도 다 틀리고 그래서 마음고생도 많이 했다. 처지가 같은 친구들 몇 명을 모아 대학시험을 주관하는 기관에 시험 시간이 부족하다는 이의 제기를 했다. 그 이의 제기가 받아들여져서 시각장애인을 위한 시험 시간이 1.2배에서 1.5배로 늘어나게 되었다. 덕분에 다음 해에 어려움 없이 시험을 치르고 대학에 입학할 수 있게 되었다.

하지만 입학했다고 대학 생활이 쉬운 것은 아니었다. 시각장애를 가지고 대학생활을 하는 데 가장 어려운 일은 교재이다. 보고 싶을 때 자유롭게 볼 수가 없다. 학교에서 장애가 있는 학생을 위해 텍스트를 변환시켜 주면 좋은데 처음엔 그게 안 됐다. 학교에 요구를 해야만 겨우 받아들여졌다. 그것도 한 과목에 딱 하나의 교재만. 그러니 다른 관련 자료를 찾아보고 자유롭게 논문을 읽는 친구들과는 차이가 날 수밖에 없다.

'적응'이라는 이 한마디를 말할 수 있기 위해 얼마나 많은 눈물과 분노와 원망과 절망을 느꼈을지 상상이 안 된다. 어떻게 견뎠을까? 본인도 본인이지만 그 엄마는 어떻게 견뎠을까? 좌절하고 분노하고 슬퍼하고 원망하는 아이의 마음을 어떻게 다독이며 격려하고 용기를 갖도록 이끌어 주었을까? 현재 이 청년은 대학생활을 잘 마무리하고 미국으로 유학을 떠났다. 제2의 강영우 박사를 볼 수 있을 거라는 기대감이 생긴다. 어떤 사람인지 궁금하면 유튜브에서 '미래를 보는 희망(2012. 9. 25 게시)'을 검색해 보기 바란다.

없던 장애를 만드는 엄마

'엄마가 아이의 장애를 만들었다.'

세상에 이런 일이 있다면 우리는 그 엄마를 엄청 비난할 것 같다. 어떤 엄마가 아이에게 장애를 만들어 주고 싶겠는가? 그러니 아마 어쩔 수 없는 사고가 아니라면 절대 이런 일은 없을 것이다.

신체적 장애로 제한해서 생각한다면 이 말이 맞다. 그런데 정신적 장애를 고려해 본다면 절대 아니라는 말을 하기가 어려워진다. 적대적 반항 장애, 품행 장애, 성격 장애, 정신과 질병에서 장애로 진단되는 이런 장애들은 절대 타고난 게 아니다. 트라우마 같은 사고를 경험한 뒤에 나타날 수도 있지만 그럴 때도 성숙하게 잘 받아들이고 견뎌내는 사람들도 많다. 그렇다면 이런 장애들은 어떻게 갖게 되었을까? '적대적 반항 장애Oppositional Defiant Disorder'의 사전적 의미를 통해 알아보자. 다음은 DSM-IV(미국정신질환 진단 및 통계 편람)의 진단기준이다.

다음 중 적어도 6개 이상의 부정적, 적대적 또는 도전적인 행동이 적어도 6개월 이상 지속된다.

- 흔히 화를 낸다.
- 흔히 어른들과 논쟁을 한다.
- 흔히 어른들의 요구나 규칙에 대하여 능동적으로 도전하거나 거절한다.
- 흔히 고의적으로 다른 사람들을 괴롭힌다.
- 흔히 자신의 실수를 다른 사람의 탓으로 돌린다.
- 다른 사람의 언동에 대하여 과민한 반응을 보인다.
- 흔히 분개하거나 다른 사람을 원망한다.
- 흔히 다른 사람에 대하여 악의를 품거나 원한을 품는다.

이러한 행동들이 아동의 연령이나 발달학적 수준을 감안하여 평균적으로 일어나는 것보다 더 흔히 나타나는 경우에 진단을 내린다.

〈적대적 반항 장애의 원인〉

▶ 환경적인 원인

- 빈곤 및 가정불화가 있는 가정의 자녀의 경우 가족 관계에서 오는 스트레스가 반항 장애의 원인이 될 수 있다.
- 부모의 일관성 없는 양육태도로 인해 아동의 장애에 영향을 미칠 수 있다.

-아동의 부적응적인 학교생활로 인한 학업 실패 및 사회적 고립을 경험함으로써 반항 장애를 야기할 수 있다.

▶ 생물학적 원인

-부모 가운데 한쪽 부모가 반항 장애 또는 기분 장애, 품행 장애, ADHD, 반사회적 성격 장애, 또는 물질 관련 장애를 겪었던 경험이 있었을 경우 그렇지 않은 경우에 비해 장애 발생률이 높다.

부모의 기질적 특징이 아이에게 이런 문제를 야기할 가능성은 높지만 절대적 이유는 아니다. 그보다 더 큰 영향을 주는 것은 환경적 요인이라는 걸 우리는 잘 안다. 아이가 자라면서 엄마의 말에 말대꾸하고 반항하는 것은 지극히 정상적인 일이다. 나타나지 않는 게 더 이상하다. 이런 과정을 통해 자율성, 주체성, 그리고 자신의 내적 기준도 확립하고 조절하는 방법을 배우게 된다.

그런데 이때 아이의 주장이나 행동을 무조건 힘과 권위로 억제하려 하면 아이와 부딪힐 뿐만 아니라 적대적 반항 장애가 발생할 위험이 높아진다. 엄마는 이 과정에서 아이의 욕구를 이해하고 수용하며 올바른 방법으로 아이의 마음을 충족시켜 주어야 한다. 우리는 모두 아이를 진심으로 사랑하고 잘 키우고 싶은 엄마이다. 그런 엄마가 되고 싶다. 혹시라도 우리 아이가 이런 진단을 받게 되는 일은 절대 없기를 바란다.

'장애 있는 아이'가 '장애 없는 아이'를 돕는다

심리적 장애가 있는 아이들과 일반 아이들이 함께 참여하는 통합집단상담을 진행한다. 아이들의 마음에 관심을 갖는 엄마들이 아이들을 수업에 참여시킨다. 그런데 아이에게 불편함이 있는 부모는 어떤 아이들이 참여해도 모든 아이에게 다 도움될 거라 생각하지만, 일반 아이 엄마의 태도는 다르다.

문제 행동을 보이는 아이 때문에 자신의 아이가 힘들어 하는 경우 그 아이가 수업에 참여 하지 않게 해달라는 부탁을 한다. 아니면 보통 아이들만의 팀을 따로 만들어 달라고 부탁하는 부모도 있다. 심리적 문제를 가진 아이들이 친구에게 소리 지르고 떼쓰고 싸움이 붙는 경우가 많기는 하다. 그런데 이 모든 행동들이 다른 아이들에게 진짜 방해만 되는 걸까? 요즘 아이들 스트레스는 많고 자신감은 부족하니 심리 수업이 좋을 것 같아 데려오고선 정작 중요한 건 놓치고 있다.

초등학교 4학년 민준이는 충동성 장애로 오랫동안 병원치료와 심리치료를 받아왔다. 초등학교를 다니면서 아이의 충동성을 이해하지 못하는 학교 친구들과 선생님을 만날 때 아이는 무척 힘들었다. 민준이의 상태를 알고 있는 선생님이 오히려 친구들을 혼을 내면 사이는 더 멀어져 갔다. 친구들은 민준이를 더 싫어하게 되었고, 민준이만 없으면 우리 반이 조용하고 더 즐겁게 생활할 수 있을 거라 생각했다. 하루하루 상처를 받을 때마다 민준이는 증세가 더 악화되었다. 그런데 과연 민준이만 증상이 더 나빠진 것일까?

증세를 제대로 이해하지 못하고 통제하기 위해 혼내기만 하는 교사를 보며 아이들은 더욱 민준이에게 비난하고 상처를 주었다. 자신들 가까이에 오지 못하게 했으며 마주치면 놀리듯 피해갔다. 과연 그 친구들이 얻은 건 무엇일까? 자신보다 약한 친구, 장애를 가진 친구를 이해하지도 못했고, 비난하기만 했으니 아이들의 마음에 남은 건 비겁한 자신에 대한 자책감은 아닐까? 장애가 있는 친구에게 상처를 주기만 한 것으로 보이지만, 사실은 자신도 상처받고 있다는 사실을 알아야 한다.

가까이에 장애친구가 있다는 것은 귀한 선물을 받은 것과 같다. '우리'라는 마음으로 배려하며 자신도 성숙하게 살아갈 수 있는 방법을 배울 수 있는데 잘못된 인식으로 인해 상처받는 경험으로 남게 된 것은 아닐까?

민준이가 5학년이 되었다. 다행히 담임선생님은 아이의 증상에 대해 이해가 있는 분이었다. 선생님은 아이에게 심부름을 시킨 틈을 타 다른 친구들에게 아이의 증상에 대해 설명해 주었다. 갑자기 불쑥 화를 내는 건 아이의 본심이 아니라 병이라고, 감기에 걸려 열이 나는 것처럼 나타나는 증상이라고, 그러니 열을 내리기 위해선 화를 내면 안 된다고 말씀해 주셨다. 불쑥 화를 내거나 욕을 할 수도 있고, 친구의 물건을 집어 던질 수도 있다고 말해 주었다. 자신도 모르게 나타나는 행동이니 그럴 땐 빨리 친구의 마음을 알아주고 달래주라는 말씀도 하셨다.

이후 민준이가 화를 내거나 소리를 지를 때 친구들은 부드럽게 아이의 이름을 부르며 괜찮다고 말해 주었다. 민준이는 자신이 조금만 실수하거나 게임에서 질 때도 화를 냈다. 그럴 때마다 친구들은 '괜찮다'고 말해 주었다.

민준이는 학교생활이 즐거워지기 시작했다. 아이들은 자신이 이해하고 존중받을 때 그에 맞는 성숙한 행동을 한다. 선생님이 아이들을 믿고 민준이를 도와주길 요청하자 친구들은 그 의견을 받아 주었다. 혹시 한두 명이 민준이를 얕보고 놀리려 할 때 다른 친구들이 오히려 막아 주었다. 놀리는 그 친구에게 그러지 말라고 말해 주었고, 그 친구를 달래기까지 했다.

민준이만 도움을 받았을까? 절대 아니다. 민준이의 장애를 도와준 친구들이 민준이에게서 더 큰 도움을 받았다. 친구들은 민준이를 통해 사람의 마음을 볼 줄 알게 되었다. 민준이는 마음의 변화를 가감 없이 그대로 보여주는 아이이다. 속상하면 소리 지르고, 화나면 화를 내니 마치 어린 아기의 모습을 그대로 보여주는 것 같다. 자신의 감정을 억압하고 진짜 속마음을 드러내면 안 되는 것으로 생각하며 자라온 아이들이 민준이를 달래주고 위로하고 다독여 주면서 자신의 마음을 돌아보게 된 것이다.

어떤 아이가 민준이를 보며 이렇게 말한다.

"민준이는 좋겠어요. 솔직하게 다 표현하잖아요. 싫으면 화내고 소리 지르고, 기분 좋으면 아기처럼 예쁜 모습으로 웃잖아요. 저도 민준이처럼 솔직하게 다 표현하면서 살고 싶어요."

민준이의 마음을 돌봐주는 일은 도움을 주기만 하는 일이 결코 아니었다. 민준이를 통해 자신들의 마음을 돌아볼 줄 알게 되었고, 다른 친구의 마음도 보게 된 것이다.

봉사를 하는 사람들이 하는 말은 한결같다. 내가 도움을 준 게 아니라 도움을 받는 거라고. 법적으로 구분된 장애이든 아니든 우리는 신체적, 혹은 심리적 장애를 어느 정도 가지고 있다. 그것도 모르고 '너는 장애, 나는 비장애'로 구분하고 선을 긋는 것은 우리 아이에게 없던 장애를 만들어 주는 꼴이다.

열여섯 번째 깨달음

아이를 지킨다는 것이 어떤 건 줄 알았더라면

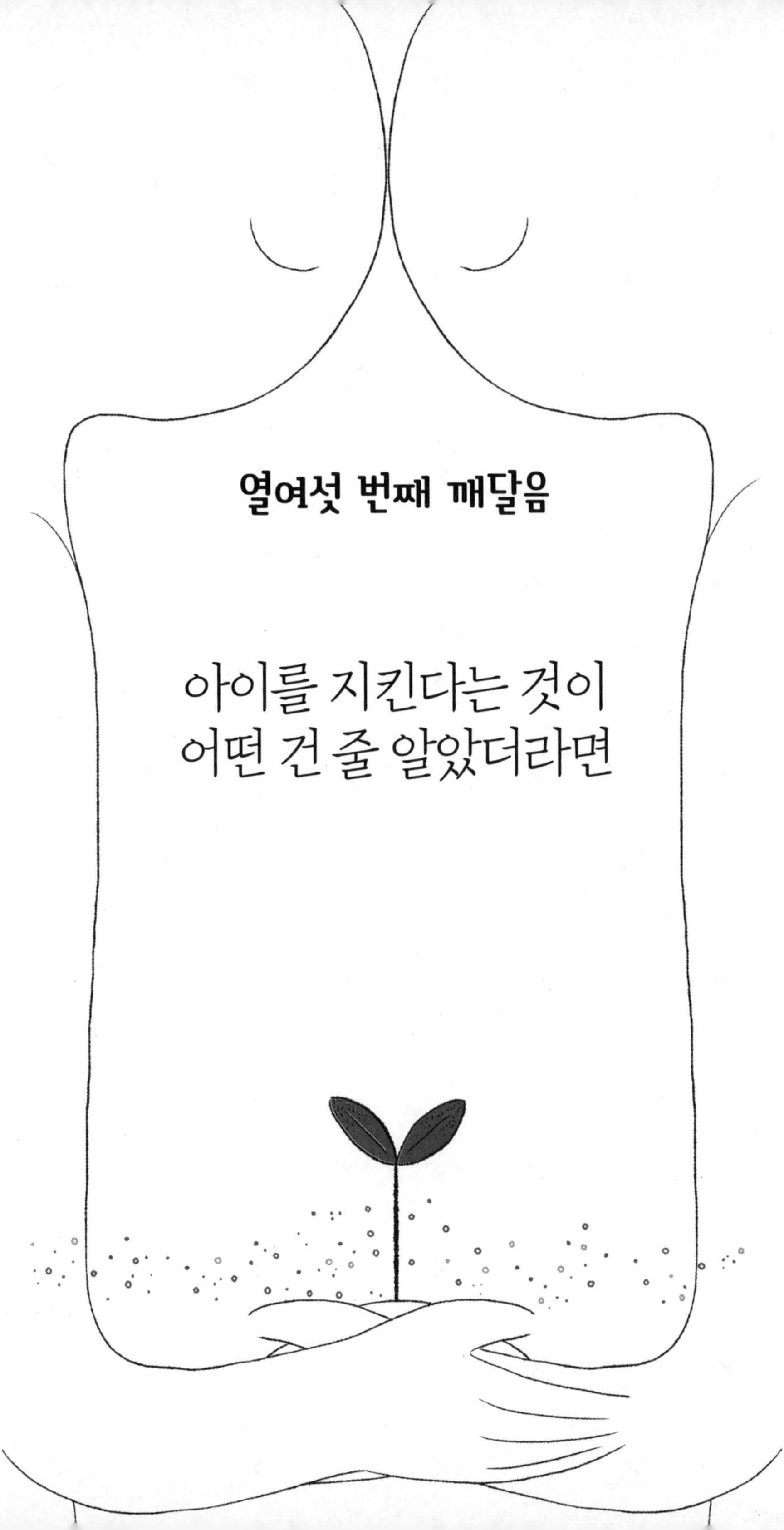

내 아이를 지킨다는 것

TV로부터, 감기로부터, 괴롭힘으로부터, 사이버세상으로부터, 인터넷의 검은 유혹에서, 학교폭력으로부터, 항생제로부터, 황사에서.

'우리 아이 지키기'라는 말을 인터넷 검색창에 치면 자동검색어로 뜨는 말들이다. 아마 엄마의 머릿속에는 아이를 지켜내야 하는 더 많은 상황목록이 자동연상될 것 같다. 나쁜 먹거리에서 우리 아이를 지켜내는 일부터 나쁜 사람, 나쁜 환경, 나쁜 유혹 등으로부터 아이를 지켜내야 한다.

먹거리나 환경 정도는 엄마의 노력으로 어느 정도 지켜낼 수는 있을 것 같다. 하지만 그 외 엄마의 역량을 벗어나는 많은 것들에서는 얼마나 잘 지켜낼 수 있을지 자신이 없다. 용기 있게 세상으로 한걸음 나아가는 일에는 항상 위험이 따르고, 그 위험을 감수하느니 차라리 엄마 품에 있는 게 더 안전한 것 같다.

그러니 잘 지켜내는 것의 의미에 대해 늘 혼란스럽다. 커가는 아이를 품고만 있을 수 없으니 아이가 만나는 세상이 안전하기를 바라게 된다. 그런데 지금 우리 아이가 살고 있는 세상은 안전할까? 앞으로 우리 아이가 살아갈 세상은 안전할까? 뉴스만 틀면 나오는 사건 사고들이 아이 키우는 엄마를 늘 불안에 시달리게 한다. 아이가 사는 세상이 안전할 수는 없을까?

2014. 4. 16. 세월호 참사가 일어났다. 몇 날 며칠 쏟아지는 눈물을 주체할 수가 없다. '배, 바다, 진도, 안산, 세월호, 단원고……'라는 단어들을 듣기만 해도 아픔, 한숨, 눈물이 동반된다. 마치 정해진 자극에 의해 침을 흘리는 파블로프의 개처럼 자동적 반응이 나타난다. 그리고 우리 아이들을 구조하지 못하는 과정을 보며 아픔을 넘어 분노감도 생겨난다. '내 새끼도 지켜내지 못한 부모'라고 자책하는 단원고 학부모의 절규가 계속 마음에서 요동친다.

"제가 30대 때 삼풍백화점이 무너졌어요. 사연 들으면서 많이 울었는데, 지금 생각하면 그 뒤로 제가 한 일이 없어요. 10년마다 사고가 나는 나라에서 제도를 바꾸려고 아무 노력도 하지 않아서 제가 똑같은 일을 겪었어요."

세월호 사건이 있자 아이를 키우는 엄마들은 모두 하나같이 사고를 당한 아이가 '만약 내 아이였다면'이라는 생각을 하지 않을 수가 없었다. 당장 처음에 든 생각은 '우리 아이가 그곳에 있지 않아 정말 다행이다'라는 생각이었다. 사고 당한 아이들을 생각하니 이런 생각이 드는 것도 죄스럽다. 뭔가를 해야 하는데 할 수 있는 건 별로 없다. 우는 것, 한탄하는 것, 분노하는 것, 아니면 자원 봉사를 하거나 성금을 내는 일뿐이다.

그런데 이런 것만으로 우리 아이를 지킬 수 있을까? 아이를 지킨다는 것에 대해 계속 생각하게 된다. 내 아이만 잘 지켜 내면 될까? 내가 아무리 아이를 잘 지키려 노력해도 지역사회와 국가에서 우리 아이를 잘 지켜내지 못하는 세상이라면 뭔가 좀 더 큰 차원에서 아이를 지키는 일에 대해 생각해야 하는 건 아닐까? 아이를 잃은 그녀의 한 서린 말이 끊임없이 우리 아이를 지키는 것에 대해 생각하게 만든다.

미안합니다. 행동하겠습니다

육아 커뮤니티 회원 엄마들 100여 명이 유모차를 끌고 피켓을 들고 침묵 시위를 하였다. 세월호 참사를 보며 아이를 지키는 것에 대한 고민에 머물러 있지 않고 우리 아이들을 지키기 위해 행동하기 시작한 엄마들의 모습이었다.

엄마라서 말할 수 있다. 질책이 아닌 대책을 원한다.
지금은 슬퍼할 때가 아닙니다. 분노해야 하고, 변화를 위한 작은 종이라도 울려야 할 때입니다. 우린 아이 엄마이니까요.
미안합니다. 잊지 않겠습니다. 행동하겠습니다.

엄마들이 피켓에 쓴 구호다. 이 말들은 사고로 억울하게 죽어간 아이들뿐 아니라 지금 우리 아이들을 위한 말이기도 하다. 놀라고 겁먹은 가슴만 끌어안고 주저앉아 있었는데 용기 있는 젊은 엄마들이 나서서 이런 말이라도 해야 한다고 행동한다.

마음먹고 행동하는 게 쉽지는 않았을 것 같다. 유모차를 끌며 침묵시위를 주최한 전주영 씨는 20개월 아이 엄마란다. 시민운동을 한 것도 아니고 경험이 있었던 것도 아닌 평범한 주부다. 인재로 인한 참사가 끊임없이 일어나는 이유가 우리 사회에 대한 무관심 때문에 생겨난 일이라는 생각이 들었다고 한다. 5년, 10년 뒤 자신의 일이 될 수도 있기에 의견을 널리 표출하고 행동하게 되었다고 한다.

> 엄마가 되고 나서 내 인생은 정말 180도 바뀌었다. 엄마의 마음으로 보는 세월호 참사는 어떻게 표현할 길이 없다. 정말 뭐라도 해야 되겠다는 생각이 들었다. 세월호 참사 희생자들과 내 아이를 위해 할 수 있는 일이 이것밖에 없었다. 정부의 늦장대응과 시스템이 제대로 가동되지 않았다. 우리 아이랑 대한민국에서 안전하게 살고 싶다. 이런 일이 다시 일어나지 않도록 대책을 마련해 달라. 그리고 진실을 규명해 달라.
>
> –〈한수진의 SBS 전망대〉 2014. 5. 8 인터뷰 중에서

여러 곳에서 엄마, 아빠들이 곳곳에서 피켓을 들고 침묵시위를 하며 우리 아이들을 지키기 위한 노력을 행동으로 옮기기 시작했다. 집에서 걱정하며 울기만 하면 세상이 달라지지 않을 것 같아 직접 우리 아이들을 지킬 수 있게 도와 달라고 말하고 싶어 거리로 나왔다. 작은 실천을 통해 아이들을 지키고 사회를 변화시키고 싶은 엄마, 아빠들의 행동이다. 상념만으로 우리 아이를 지킬

수 없음을 다시 한 번 생각하게 된다.

"형들이 배 안에 있는 걸 아는데 왜 아무도 구하지 못했어요?"

"어떻게 학생들이 배 안에 있는데 어른들이 먼저 나올 수가 있어요?"

"그래도 한 명이라도 구할 수 있겠죠? 엄마?"

아이들의 말에 대답할 말이 없다. "엄마가 널 지켜줄게"라고 수없이 말해 왔지만 진짜 지켜줄 수 있을지 자신이 없다. 해답은 분명하다. 나만이 내 아이를 지키는 나라가 아니라, 함께 우리 아이를 지켜주는 그런 나라가 되어야 한다.

심리적 스트레스가 많아 약 1년간 상담을 받아온 4학년 아이가 있다. 친구관계에서 본의 아니게 왕따를 시킨 것으로 오해받아 거꾸로 상처를 받은 아이이다. 1년이라는 꽤 긴 시간 동안 상담을 하면서 아이는 다시 밝은 모습으로 돌아왔고, 친구들과도 잘 지내게 되었으며, 애초의 기질대로 열심히 공부하는 모습을 되찾았다. 이제 상담을 종료할 때가 되어 아이에게 언제 상담을 끝내면 좋을지 물었더니 전혀 엉뚱한 말이 튀어나온다.

"2019년까지 상담 받을 거예요."

"응? 왜 그때야?"

"단원고 언니, 오빠들 나이 넘을 때까지 상담 받을 거예요."

세월호 참사는 이 아이를 새로운 불안감에 휩싸이게 했다. 자신을 지켜주는 수단으로 계속 상담을 받아야겠다고 마음먹는다. 아마 1년간 상담을 받는 동안 위로를 얻고 힘도 얻고, 보호받는 느낌이 들었을 게다. 그래서 다시 불안해지니 자신을 지켜줄 수단으로 상담을 계속 받겠다고 말한다.

"사고는 날 수 있어요. 그런데 왜 못 구해요?"

목소리를 높여가며 언니, 오빠들을 구해내지 못하는 어른들을 향한 원망감과 분노감도 표현한다. 이 아이뿐 아니라 많은 아이들이 직접적으로 사람들을 죽게 만든 선장과 열심히 구조하지 않은 사람들에 대한 극심한 분노감을 표현한다.

지금 아이들에게 필요한 건 뭘까? 솔직히 "괜찮아. 너에겐 저런 일이 안 일어날 거야"라는 말을 해주고 싶다. 하지만 절대 옳은 말이 아니다. 사고는 누구에게나 일어날 수 있고, 착하거나 나빠서 사고를 당하는 게 아니라는 사실을 말해 주어야 한다. 제발 이렇게 말해줄 수 있으면 좋겠다.

"만일 너에게 사고가 일어나도 어른들이 잘 구해줄 수 있어. 우리에겐 탄탄한 구조 시스템이 있고, 아이들을 보호하기 위해 어른들은 최선을 다할 거야. 그러니 대비를 잘하고 안전을 지키려는 노력을 잘하도록 하자. 엄마, 아빠, 선생님들도 너희를 잘 지키기 위해 열심히 노력할게."

세월호 참사를 바라보며 아이를 지킨다는 것에 대해 곱씹어가며 생각하게 된다. 개인의 삶을 소박하게 살아가는 사람들은 본인의 의지와 노력으로 어찌할 수 없는 상황을 만나면 우울하고 무기력해진다. 세월호 사건 이후 많은 국민들이 밤잠을 못 자고 우울함을 호소하는 이유가 여기에 있는 것 같다.

아이들의 마음은 아직 여려서 더 쉽게 상처받는다. 어른들에게 실망하고 자신을 지켜줄 거라는 믿음이 사라지면 마음속 그 자리는 불안과 두려움이 자리 잡게 된다. 지금 아이 옆에서 엄마가 해줄 수 있는 일은 많겠지만 아이 마음을 지켜주는 일부터 시작하면 좋겠다. 마음을 잘 지켜야만 아이가 스스로를 지켜내는 힘도 기를 수 있기 때문이다. 마음을 지키는 일에도 시스템이 필요하다. 불안한 아이에게 무조건 괜찮다고만 말하는 건 마음을 지켜주는 일이 아니다. 우리 아이 마음은 어떻게 지켜줄 수 있을까?

아이 마음 지키기

힘든 일이 있으면 마음에서는 여러 가지 일들이 벌어진다. 마음속에서 일어나는 일은 눈에 보이지 않기 때문에 그 흐름이 어떻게 이루어지는 줄 잘 모를 수 있다. 어른들도 자신의 마음을 제대로 알기 어려운데 아이들은 더하다. 더구나 아이들은 심리적 문제가 발생했을 때 말로 표현하기 어렵다. 왜 화가 나는지, 왜 무섭고 긴장되는지 말로 표현하지 못한다. 힘든 일을 겪고 있는 우리 마음속에서 무슨 일이 일어나고 있는지, 잘 돌보는 것이 얼마나 중요한지 알려주는 것이 필요하다. 우리 마음에서 무슨 일이 일어날지 알고 대비하면 훨씬 더 성숙하게 그 과정을 맞이하고 건강하게 극복할 수 있다.

아이와 함께 《끔찍한 것을 보았어요》를 읽어보자.

너구리 담담이는 아주 끔찍한 일을 보았습니다. 겁이 났어요. 며칠이 지나도 무서움은 없어지지 않았어요. 그래서 생각하지 않기로 마음먹었어요. 하지만 얼마 지나지 않아 마음속에 있던 무언가가 담담이를 괴롭히기 시작했습니다. 담담이에게 이상한 일들이 일어나기 시작합니다. 가끔 배가 아프거나 머리가 아팠어요. 가끔은 우울해지기도 했지요. 이유 없이 불안해지기도 했어요.

기억하고 싶지 않은 일을 무조건 망각하려고만 한다면 의식으로 남지 않을 수도 있다. 하지만 그 기억은 몸의 기억으로 남게 된다. 무슨 일로 왜 우울하고 힘든지 기억은 못하지만, 왠지 모를 불안과 두려움에 시달리게 된다. 그러니 제대로 이야기하고 슬퍼할 건 슬퍼하고 화낼 건 화를 내는 게 중요하다. 그래서 성숙하게 바라보고 떠나보낼 수 있도록 도와주는 것이 좋다.

'이 일로 인해 네 마음이 아프구나. 슬프구나. 너에게도 저런 일이 일어날까 무섭구나. 두렵구나.'

느낌과 생각만 알아차리는 게 아니라 몸의 반응도 함께 알아차리면 더 좋다. 아이에게 심장이 두근거리지는 않는지, 괜히 배가 아픈 건 아닌지도 물어보자. 아이 마음을 지키는 방법에 대해 이 책에서 아주 좋은 도움말을 주고 있다. 이 중 몇 가지는 기억하면 좋겠다.

1. 돌려서 말하기보다는 사실적이고 정확한 어휘로 사건에 대해 이야기 나누자.
2. 아이가 마음 놓고 이야기하고 감정을 표현할 수 있는 안전한 장소를 마련하자.

3. 아이가 행동으로 사건이나 감정을 묘사할 수 있도록 인형 등의 도구를 준비하자.

4. 사건이 일어난 까닭이 절대로 아이 잘못이 아니라는 것을 이해시키자.

5. 아이가 일상생활을 지속할 수 있도록 지원해주자.

6. 집과 학교에서 정해진 규칙을 변함없이 지키게 하자.

7. 눈과 귀, 마음을 모두 열고 아이가 느끼는 슬픔에 대해 들어주자.

8. 한번이라도 아이가 상담 치료사와 만나는 것을 고려해보자.

그림책 《높은 곳으로 달려!》도 꼭 함께 읽어보면 좋겠다.

"각자 온 힘을 다해 도망쳐야 해. 자기 목숨은 스스로 지키는 거란다."

이 책은 이렇게 무섭고 냉정한 말로 시작한다.

2011년 3월 11일 일본에 쓰나미(지진해일)가 왔다. 이 책은 그 쓰나미의 한복판에 있었던 초등학교와 중학교에서 일어난 이야기이다. 이곳 아이들은 바다 속에서 지진이 일어나면 쓰나미가 온다는 것을 배운다. 그리고 쓰나미가 오면 목숨을 지키기 위해 온 힘을 다해 높은 곳으로 달리라는 교육을 받는다. 진짜 지진과 쓰나미가 있던 날, 우노스마이 초등학교와 가마이시히가시 중학교, 유치원생까지 약 600명의 아이들이 산으로 올라가는 언덕길을 달린다. 공포에 질렸지만 서로 잡아주고 끌어주며 함께 2km를 달려 자신들의 목숨을 지켜낸다. 이 아이들이 기억한 '목숨을 지키는 3가지 원칙'이 있다.

1. 쓰나미는 상상이 아니라 반드시 온다.

2. 온 힘을 다해 무조건 대피하는 것이 최선이다.

3. 거대한 자연 재난 앞에 당황하거나 부끄러워하지 말고 훈련받은 그대로 열심히 도망쳐야 한다.

아이들과 함께 대피한 할머니는 아이들이 필사적으로 살기 위해 뛰는 모습을 보며 어른들도 함께 힘을 내서 산 정상까지 달릴 수 있는 힘이 생겼다고 말한다. '다른 사람을 도우려면 우선 자신이 살아있어야 한다'는 말은 세월호 참사에서 살아남은 사람들과 지켜보는 사람들 모두에게 꼭 필요한 말이기도 하다. 이 그림책을 보니 세월호 참사에서 희생된 아이들이 더 생각난다.

'왜 우리는 아이들에게 아무것도…….'

'우리는 아이들에게 어떻게 그런 짓을…….'

만약 우리도 이렇게 생명을 구하는 구호를 가르쳤더라면, 배를 타기 전 발생할 수 있는 모든 위급한 상황에서 아이들이 무엇을 어떻게 해야 할지 단 한 번만이라도 가르치려는 생각을 해보았다면 달라지지 않았을까? 아이가 커가는 동안 '어른들이 시키는 대로 해!'라고 했던 말이 이렇게 후회스러울 수가 없다. 어른들이 지켜주지 못하는 세상이라면 아이가 스스로 지키도록 가르치기라도 했어야 하지 않는가!

세월호 참사에서 만약 한 명씩 차례로 구조되는 과정을 지켜볼 수 있다면 어땠을까? 슬프고 안타까운 건 그대로겠지만 이렇게 충격과 불안과 분노감이 계속 확산되지는 않았을 것 같다. 이 사건을 기억하는 한 《높은 곳으로 달려!》를 보는 게 힘들고 아플 것 같다. 덮어버리고 싶은 아픔을 들추어 힘겨울 수 있지만 그래도 눈물을 쏟으며 읽어야 할 것 같다. '미안합니다. 잊지 않겠습니다'라는 노란 리본의 글대로 진짜 잊지 않으려면.

아이를 잘 지키는 가장 좋은 방법

똑같이 충격적인 경험을 해도 절반은 자연치유가 되고, 절반은 오랜 시간 힘겨워한다. 우리 아이, 시간이 지나면 저절로 자연치유가 될 수 있는 아이일까? 자연치유가 되는 사람과 그렇지 않은 아이는 어떤 차이점이 있을까?

일본 도호쿠대학의 연구결과 자존감의 정도가 강력한 정신적 고통에서 얼마나 빨리 회복되는지에 큰 영향을 준다고 한다. 평소 우리 아이의 마음을 잘 지키는 일이 더욱 중요하게 느껴진다.

2011년 일본 관측 사상 최대인 리히터 규모 9.0의 동일본 대지진을 겪은 일본에서 최근 정신적 트라우마 치료와 관련해 시사점을 주는 연구 결과가 나왔다. 강력한 정신적 고통을 준 사건에서 얼마나 빨리 회복되는지 여부는 '자존감'이 크게 좌우할 수 있다는 것이다. 일본 도호쿠대 연구진이 동일본 대지진을 겪은 이 지역 사람들을 대상으로 한 연구 결과 내린 결론이다.

2014년 4월 29일자 과학저널 〈분자정신의학〉에 실린 연구 내용을 보면, 연구진은 2011년 3월 11일 동일본 대지진이 발생하기 전에 도호쿠대 학생 42명의 뇌를 촬영한 사진을 갖고 있었다. 지진 후 연구진은 이들 중 37명(여성 9명, 남성 28명)의 뇌를 다시 촬영했다. 그리고 이후 이들의 뇌에서 일어나는 변화를 추적했다. 지진 발생 직후에는 해마와 안와 전두피질의 크기가 모두 감소했다. 하지만 1년 후, 자존감이 높은 사람들은 1년 후 안와 전두피질이 커져 있었다.

그 결과, 연구진은 '안와 전두피질'의 크기가 커진 것과 지진 직후 측정한 생존자의 자존감 수준 사이에 커다란 상관관계가 있음을 알아냈다. 연구진은 안와 전두피질의 증가는 정신적 고통으로부터 회복되고 있음을 가리키는 것으로 해석했다. 이는 이전 연구 결과들에서, 안와 전두피질의 감소가 정신적 고통의 신호라는 점이 밝혀졌기 때문이다.

연구진이 내린 결론은 이렇다.

"안와 전두피질 크기가 커진 것은 높은 자존감 덕분이라는 추정이 가능하다. 따라서 높은 자존감은 정신적 고통에서 회복되는 데 가장 중요한 요인 가운데 하나라는 추정도 가능하다."

자존감이 더 높은 사람들은 정신적 고통을 더욱 잘 통제할 수 있으며, 이는 그들의 뇌 구조에 반영된다고 말했다.

–곽노필의 〈미래창〉 2014. 5. 1 재인용

이제 엄마가 '지금 여기'에서 우리 아이와 무엇을 해야 할지 생각해보자. 아이가 자라 스스로 잘 돌볼 수 있을 때까지 엄마는 아이를 지켜야 한다. 아이의 마음이 상처를 받아도 쉽게 아물도록 자존감을 높여주자. 자존감은 하늘에 있는 별을 따는 것이 아니다. 아이와 밥을 먹으며, 이야기를 나누며, 산책을 하며 아이를 지지하고 격려하는 데서 자라기 시작한다.

아이를 둘러싼 환경을 안전하게 만들도록 애써야 한다. 내 아이만 챙긴다고 아이가 안전하게 잘 자라는 것이 아니다. 우리 아이들이 모두 안전하고 행복하게 성장할 수 있도록 무언가 행동해야 한다. 무엇을 해야 할지 생각이 나지 않을 땐 이렇게 질문해보자. 분명 한 가지는 생각이 떠오를 것이다.

"나는 오늘 우리 아이를 잘 지키기 위해 무엇을 했지?"

열일곱 번째 깨달음

사랑과 집착을 구분할 줄 알았더라면

그녀가 변했다

사람 A에 관한 이야기를 했었다. 여자는 말도 안 되는 사람 A를 위해 무한한 사랑을 쏟아부었다. 사람 A는 그녀의 사랑이 자신의 존재의 근거가 되고, 자신을 안전하게 지켜 주고, 세상을 살아갈 힘이 된다는 것을 본능적으로 깨닫게 된다. 마음 깊은 곳에서 그녀를 사랑하고 신뢰한다. 그런 사랑을 주는 그녀가 있는 세상을 믿기 시작한다. 그런 사랑을 받는 자기 자신도 좋은 사람이고 귀한 사람이라 깨닫기 시작한다.

그러던 그녀가 변했다. 그녀가 주는 사랑의 색깔이 변했다. 사람 A는 사랑이 변해가는 걸 보며 어떤 느낌일까? 하루 종일 자신의 마음을 알아주지도 않고, 여자는 자기 하고 싶은 대로만 한다. 예전엔 조금만 떼를 쓰고 울면 달려와 자기 마음을 알아주던 여자가 이제 그런 건 전혀 기억에 남아 있지 않은 것 같다. 자기가 하고 싶은 말만 하고, 하고 싶은 행동만 한다. 내가 싫은 것을 억지로 하게 만들고, 그렇게 따라가지 않으면 화내고 혼낸다.

사람 A는 그런 여자가 점점 싫어진다. 그런데 마음먹고 싫어할 수도 없다. 왜냐하면 그녀는 자기 존재를 둘러싼 세상의 전부이며, 그녀를 공격하면 그건 곧 자기 자신을 공격하는 것과 마찬가지이기 때문이다. 파란 하늘과 반짝이는 햇빛을 보며 감탄하고, 바람에 나뭇잎이 흔들리는 걸 보며 자신도 따라 흔들리고 싶고, 예쁜 꽃을 만나면 그 빛깔과 향기에 취해 뒹굴고 싶은데 여자는 그런 자신의 마음은 전혀 알아주지도 않는다. 문만 열고 밖을 나가면 신기한 것투성인데 집안에서 자신을 붙들고 쫓아다니며 이것저것 시키기만 한다.

도대체 날더러 어쩌란 말인가? 이제 사람 A도 가만히 있지 않기로 한다. 아주 어릴 적에 여자를 괴롭게 한 건 자신의 의지와 상관이 없었다. 아무것도 할 줄 몰랐고 자기 몸도 마음대로 움직이는 게 아닌 시절이었기 때문이었다.

그런데 이젠 사람 A도 좀 컸다. 좋은 건 좋다고 말할 줄 알고 싫은 건 싫다고 표현할 줄 안다. 화낼 줄도 알고 떼쓰고 소리 지를 줄도 안다. 얼마든지 자기 마음대로 조절할 수 있다. 이제 사람 A는 다짐한다.

'나도 당신을 미워할 거야! 나도 내 마음대로 할 거야!'

여자가 자신의 마음은 몰라주고 너무 심하게 몰아댈 땐 차라리 여자가 없어졌으면 좋겠다는 생각도 하게 된다. 그런데 그런 생각을 하면 나쁜 사람이고 벌 받을 거라는 걸 안다. 그래서 더 마음이 괴롭다.

도대체 이 지긋지긋한 생활은 언제 끝날까? 하루 빨리 자라서, 여자보다 더 커져서 제발 여자 잔소리 안 듣고 살게 되기만을 꿈꾸게 된다. 세상에 대한 기대와 설렘으로 가득차야 할 사람 A의 마음이 여자에 대한 원망과 그런 원망을 품은 자신에 대한 미움으로 가득 차게 된다.

도대체 여자는 왜 그토록 사랑했던 사람 A를 이렇게 만들고 있을까? 다행히 여자는 사람 A의 마음을 아주 모르는 것 같지는 않다. 어느 날 잠에서 살짝 깨어보니 여자가 아직 잠도 안 자고 옆에서 뭐라 중얼대고 있다.

"미안해. 엄마가 소리 질러서 놀랐지? 억지로 시켜서 미안해. 엄마가 사랑하는 거 알지?"

'흥, 뭐래? 자는 데 저런 얘기해서 뭐해? 병 주고 약 주는 거야? 절대 용서 안 할 거야.'

하루 종일 당한 게 많은 사람 A는 잠결에 여자의 사과도 듣고 사랑고백도 들었지만 이제 전혀 마음이 움직이지 않는다. 말로는 저러지만 또 아침이 되면 사람을 들볶아댈 테니 말이다. 사람 A의 마음에 새겨지기 시작한 원망이 장난이 아니다.

사람 A는 그녀를 다시 사랑할 수 있을까?

친한 사람이 생일을 맞아 선물을 주고 싶다. 그 사람이 평소 나에게 보여준 우정과 신뢰를 익히 잘 알기에 마음을 담은 선물을 해주고 싶다. 그런데 고민이 생긴다. 내가 주고 싶은 선물을 줄까? 아니면 그가 받고 싶어 하는 선물을 줄까? 어느 게 더 좋은 선물이지? 헷갈린다.

어떤 사람은 내가 주는 거니까 내가 주고 싶은 것을 주라고 한다. 내 돈 써서 주는 건데 당연히 주고 싶은 걸 줘야 한다고 한다. 그리고 내가 저한테 좋은 걸 주지, 나쁜 걸 주겠냐고 되묻는다. 맞는 말인 것 같다. 반대로 어떤 사람은 받는 사람이 받고 싶은 걸 주라고 한다. 선물을 주는 이유가 그 사람을 기쁘게 하기 위해서 인데 당연히 그 사람이 원하는 걸 주어야 하지 않겠느냐고 말한다. 듣고 보니 그 말도 맞는 것 같다.

2가지 상반되는 의견이 왜 다 맞는 말로 느껴질까? 소신이 없어 이런 걸로도 고민하나 했는데, 전혀 다른 반대의견들을 듣고 나니 나만 그런 건 아닌가 보다. 곰곰이 생각해 보니 두 의견에는 이미 다른 생각들이 깔려있다는 생각이 든다.

전자는 '내가 좋은 건 너에게도 좋을 거야. 당연히 넌 나의 의견을 따라와야 해'라는 생각이, 후자는 '네가 필요한 걸 내가 줄게. 난 네가 원하는 걸 이루도록 도와줄게. 난 널 믿어'라는 생각이 숨어 있다는 느낌이 든다. 선물에 너무 큰 의미를 부여한다 생각할 수도 있겠지만, 작은 일 하나를 해결하는 방식을 보면 그 안에는 삶의 철학이 담겨 있다는 생각을 하지 않을 수가 없다.

사람들이 사랑과 우정을 나누었던 상대로부터 배신당했다고 느낄 때 다 같이 하는 말이 있다.

"네가 나한테 어떻게 이럴 수가!"

"내가 저한테 어떻게 했는데!"

배신한 남편에게 아내가 하는 말이 대부분 이 말이다. 그런데 부부 간에는 이 말이 성립될 수 있다. 성인과 성인이 만나서 서로 함께 도우며 살아가다 배신을 했으니 내가 한 만큼 보상을 바라는 건 자연스러운 일이다.

그런데 이 말은 최소한 부모 자식 간에는 어울리는 말은 아닌 것 같다. 아이는 부모에게 절대적으로 의존해서 성장해 간다. 그 절대성 때문에 아이는 자신이 원하는 걸 주장하기는 하지만 대부분 무시당하는 경우가 더 많다. 그 모든 건 물론 아이를 위해서이다. 아이가 아무리 거부를 해도 강요된 선물처럼 아이는 받아들일 수밖에 없다.

선물을 받아봐서 알겠지만 아무리 값나가는 거라도 나한테 필요 없는 것이라면 별로 애정이 생기지 않는다. 혹시 다른 사람에게 선물 주어야 할 일이 있으면 쉽게 주어버리기도 한다. 서운해할 걸 알지만 자신에게 필요 없는 걸 쓰지도 않고 처박아 두는 것보다 더 낫다. 공연히 왜 내가 준 걸 다른 사람에게 주었냐고 따질 수 있기 때문에 들키지 않게 조심하는 게 좋다. 혹여 내가 준 선물을 다른 사람에게 줘 버린 걸 알게 되면 어떨까? 배신감, 모욕감, 서운함, 원망 이 모든 감정들이 또 한꺼번에 밀려들 것이다.

어떤 여자가 한 남자를 사랑한다. 그녀는 그에게 자신이 주고 싶은 걸 주고, 그가 무슨 말을 하든 "그런데, 하지만"이라는 말을 붙여 쓸데없는 말로 만들어 버린다. 그가 하고 싶은 것들은 모두 위험하고, 의미가 없으며, 그런 것만 계속 하다간 나중에 큰일이 날 거라 경고한다. 그녀는 오로지 자신이 원하는 대로 그가 움직여야 한다고 주장한다. 자신이 짜 놓은 스케줄대로 움직여야 하며, 자신의 모든 판단과 선택이 옳으니 군말 없이 따라야 한다고 틈만 나면 그를 공략한다. 심지어는 그가 10년 후, 20년 후에 할 일까지도 미리 다 정해놓고선 자신의 계획이 완벽하다며 혼자서 회심의 미소를 짓는다. 그는 그녀의 웃음도 이젠 믿을 수가 없다.

그녀는 그에게 수없이 사랑한다고 말하고 있지만 그가 처음 그녀에게서 느낀 믿음과 애정은 이제 사라진지 오래다. 전혀 기억나지 않는다. 그녀의 목소리를 듣기 싫어 이어폰은 귀에서 떼질 않고, 어떻게든 그녀의 눈 밖으로 벗어날 방법을 궁리한다. 아직은 준비가 되지 않았지만 조금만 있으면 그는 그녀를 벗어날 일생일대의 작전을 계획하고 있다. 그는 그녀의 집착에 정나미가 떨어졌으며, 위선을 느끼며, 그녀의 사고방식에 혐오감을 느끼기도 한다. 그는 그녀를 다시 사랑할 수 있을까?

사랑하는 걸까? 집착하는 걸까?

아이가 돌이 지나도 다른 애들처럼 잘 걷지 못하자 엄마는 주저앉는 아이를 자꾸 일으켜 세우며 걸으라고 재촉한다. 일어나고 싶지 않은 아이는 급기야 엄마가 자신의 몸을 일으켜 세우려고만 하면 울기 시작한다. 빨리 걷지 못하는 아이가 마치 다른 이들과의 삶의 경쟁에서 뒤쳐진 듯한 느낌 때문에 엄마는 마음을 진정시키기가 어렵다.

내 아이가 왜 이렇지? 걷기는 늦었지만 달리기는 빠른 아이로 만들기 위해 아이를 더 채근하기 시작한다. 빨리 걷게 하는 방법을 검색하고 다리 운동을 시키고 '걸음마' 소리를 입에 달고 산다. 누가 봐도 조금만 기다려 주면 될 것 같은데 엄마만 그걸 모르고 종일 안달복달한다. 좀 늦되거니 하고 여유롭게 기다려 주면 안 될까? 아이에게 이런 엄마는 어떤 존재로 비쳐 질까?

18개월인 옆집 아이가 기저귀를 뗐다는 말을 들은 어떤 엄마는 자신의 아이가 20개월이 지나도 변을 가리지 못하자 기저귀를 적실 때마다 아이에게 엄격한 말투로 혼을 냈다. 그러자 오히려 더 가릴 기미가 보이지 않는다.

어떤 사람이 기저귀를 채우지 말고 종일 아랫도리를 벗겨 놓으라 해서 벗겨 놓으니 그냥 방바닥에 싸버리고 만다. 때론 몰래 숨어서 싸고 모른 척하고 있다. 아이는 배변가리기에 점점 더 거부감을 보인다. 30개월이 되도록 '쉬하자'는 말만 해도 오히려 더 도망간다. 이제 말도 잘하게 되어 쉬는 어디에 해야 하는지, 응가는 어디에 해야 하는 지 물어보면 대답은 청산유수다.

하지만 변기통만 갖다 대면 안 마렵다며 바지를 치켜 올리고 도망가 버린다. 기저귀를 채우지 않고 화장실로 가야 한다고 하니 온몸을 비틀다 그냥 바지에 싸버리기도 한다. 그런데 이상한 건 엄마가 이렇게 배변가리기에 집착하면 할수록 아이의 배변가리기는 점점 더 멀어지는 느낌이 든다는 것이다.

5살 아이가 말이 조금 늦긴 하지만 그래도 사랑스럽기만 하다. 어른들 말씀대로 말이 조금 늦는 거지 발달상의 이상이 있다는 생각은 들지 않았다. 아이를 키우며 강요나 협박하는 엄마는 절대 되지 않을 거라 다짐하던 엄마였다.

그런데 비슷한 시기에 태어난 아이들이 점차 또박또박 말도 잘하고 한글도 읽기 시작하는 걸 보게 되었다. 그런 걸 확인하고 돌아온 날이면 엄마는 저녁 내내 마음이 편치 않았다. 이제 본격적으로 자신만의 놀이 한글을 가르쳐야겠다고 마음먹는다. 카드를 만들어 곳곳에 붙여 놓고 아이를 붙들고 여기저기 왔다 갔다 하며 하루 종일 아이의 시선을 끌어 카드에 고정시키려 애쓴다. 단어와 문장을 소리 내어 읽고 아이에게 따라해 보라고 시킨다. 좋은 방법이었지만 하루 종일 그렇게 집착하는 모습이 원래 그녀가 아닌 것 같다. 아직 글자에 관심 없는 아이는 싫다며 징징거리기만 한다. 그 모습이 보이지 않는 걸까? 무엇이 그녀를 이렇게 변하게 할까? 물론 본인은 자신이 어떤 모습으로 변해가는지 깨닫지 못하는 것 같다.

학교에 입학한 아이를 손잡고 학교에 데려다 주면서 가방을 들어주고, 혹시 아이가 빠뜨린 건 없는지 엄마가 확인한다. 헤어지며 선생님 말씀을 잘 들어야 하는 것부터, 화장실 갈 때는, 친구랑 놀 때는, 복도나 계단을 다닐 때는 어떻게 해야 하는지 빠짐없이 아이에게 말해준다. 어제 밤에도, 아침에도 했던 말이다.

아이는 "알았어"라고 말은 하지만 엄마에게서 빠져 나가려 온몸을 뒤틀며 제대로 듣는 것 같지 않다. 그래도 엄마는 한마디라도 빼먹으면 아이가 금방이라도 큰일 날 것 같은 표정으로 아이에게 말을 쏟아붓는다. 아이가 한 귀로 흘려듣는 게 보이지 않는 걸까? 아니, 제대로 듣지 않는다는 걸 알기에 저렇게 혼자 떠들게 되는 것일 수도 있겠다. 나도 그랬었다. 그러나 그 모습을 본 한 지인이 이렇게 말하는 소리를 듣고 정신 차렸다.

"애 뒤통수에 대고 뭔 말을 그렇게 많이 해?"

엄마가 아이를 사랑하는 모습이 어떻든 그게 왜 지나칠까 하는 생각도 든다. 하지만 충만한 사랑을 전하는 엄마의 얼굴도 그 사랑을 받고 있는 아이의 얼굴도 사랑이 충만한 얼굴이 아니다. 엄마의 표정에는 불안과 걱정, 초조가 뒤섞여 있고, 아이의 표정에는 괴로움과 원망과 분노와 혼란이 그득해 보인다. 그저 사랑이라고만 말하기에는 뭔가 불편하다. 이게 사랑이 아니라 집착이면 어떡하지?

집착은 버려라

집착하는 엄마는 사소한 일에도 과민 반응한다. 아이가 친구와 전화 통화를 해도 누군지 꼬치꼬치 캐묻고 통화 시간이 1분만 넘어가도 눈살을 찌푸린다. 문자 내용을 일일이 확인하려 하고, 보여주지 않으면 말할 때까지 집요하게 추궁한다.

요즘 아이들 방문을 잠그기 전에 핸드폰을 먼저 잠근다. 아직 사춘기도 아닌데 이런 일을 당하면 엄마는 배신감에 치를 떤다. 서운하지만 자연스럽고 당연한 일이다. 혹시 자신이 받은 충격이 너무 크다면, 배신감에 치를 떨며 어떻게든 다시 비밀번호를 풀고 아이의 모든 통신을 장악하고 싶다면, 당신의 사랑은 안정적이 애착이 아니라 집착에 더 기울어져 있는 건 아닐까?

집착하는 엄마는 아이를 자기 취향으로 만들려고 한다. 아이의 머리끝에서 발끝까지, 옷 입는 것부터 시작해서 음식 먹는 것까지도 자신의 취향을 강요한다. 단지 자신의 취향일 뿐인데 마치 그게 세상의 진리인양 으스대고 주장하고 잘난 척한다. 왜 그게 옳은지 하나하나 따져가며 강요할 땐 사람을 미쳐버리게 하는 마력까지 지녔다.

왜 다양한 사람들의 취향을 존중하고 즐기지 못할까? 자신의 속으로 낳았지만 너무 다른 아이들의 모습을 보며 신기해하고 감탄하고 행복해하지 못할까? 도대체 무엇이 그녀를 저토록 경직되게 만들었을까? 아이의 눈으로 보면 엄마라는 존재는 참 이상한 존재일 수밖에 없다. 집 밖에만 나가면 너무 다양한 사람들이 보이는 데 엄마의 눈에는 그게 보이지 않는다는 게 신기할 뿐이다.

집착하는 엄마의 가장 치명적 특징은 다중인격이다. 성인 간의 관계에서 적절하게 변화를 보여주는 사람은 참 매력적이다. 그런데 아이를 키우는 엄마가 적절한 타이밍을 맞추지 못하고 전혀 다른 모습을 보인다면 아이에겐 혼란스럽다. 온화한 엄마가 언제 불같이 화를 낼지 모른다면 온화한 미소가 전혀 따뜻하지 않을 테니 말이다. 시원하게 웃던 엄마가 언제 싸늘하게 표정이 바뀔지 모른다면 그 웃음도 공포스럽게 느껴지지 않을까?

밀당의 고수들은 적당히 웃다 적당히 삐치고 때로는 반전의 행동으로 사람을 들었다 놨다 한다. 하지만 아이들과의 관계는 밀당하는 관계가 아니다. 엄마는 든든한 내 편이어야 하고, 화를 낼 순 있지만 그게 자신을 진정 사랑해서 그렇다는 걸 느낄 수 있어야 한다. 네가 내 말을 안 들으면 난 언제든 떠날 수 있다는 방식의 밀당은 아이에게 불안과 혼란만 줄뿐이다. 다중이로 보이는 엄마는 곤란하다. 엄마는 그냥 엄마면 좋겠다.

집착하는 엄마는 집착을 사랑인줄 안다. 아이에게 당근과 채찍을 사용해야 한다고 믿으며 자신이 원하는 대로 아이를 만들 수 있다고 생각한다. 정말 사랑한다면 아이에게 당근과 채찍을 사용하지 않아야 하는 것 아닐까?

'엄마랑 같이 있으니 참 좋다!'

이런 감탄사가 저절로 우러나야 하는 것 아닐까? 엄마는 그저 함께 있어서 행복한 존재가 되면 정말 좋겠다. 세상에 한 명쯤은 그런 존재가 있어야 살맛이 날 텐데 아이가 커가는 동안은 엄마가 그런 존재가 되면 좋겠다.

그런데 걱정을 사서 하는 엄마들은 아이가 행복하면 아무 것도 안 할까봐 걱정이란다. 그래서 아이가 충분히 행복한 느낌을 주는 게 망설여진다. 잠시라도 아이를 들볶지 않으면 나쁜 엄마가 되는 것 같은 불안이 또 엄마를 괴롭힌다. 이럴 땐 이렇게 생각해보자. 배부르면 더 이상 먹이를 구하지 않는 건 동물 이야기이다. 사람은 본능적으로 성장의 욕구를 가지고 있다. 정서적 안정감이 충족되면 이제 성장을 위해 배우고 익히기를 즐긴다. 그러니 우리 아이가 더 잘 성장하기 위해서라도 계산 없는 행복한 시간을 보내보자.

물론 아이가 하고 싶은 일이 파괴적이거나, 남에게 피해를 주는 것이라면 막아야 한다. 그렇지 않고 더 많이 뛰놀고, 더 많이 얘기하고 싶고, 더 많이 껴안고, 더 많은 경험을 통해 배우는 일이라면 얼마든지 많이 하게 하자. 이렇게 자란 아이는 글자를 늦게 깨쳤어도 이해력은 훨씬 뛰어날 것이고, 사고력 훈련을 하지 않았어도 문제해결력이 월등하게 높을 것이며, 시키지 않아도 좋아하는 것은 열심히 배우려 행동할 것이다. 자연 속에서 깨친 수학의 개념은 학습지로 익힌 실력을 훌쩍 뛰어넘을 것이며, 좋아하는 것을 더 알기 위해 더듬더듬 영어 단어를 찾더라도 결국엔 그 과정을 통해 영어도 더 잘하게 될 것이다.

열여덟 번째 깨달음

아이가 금방 큰다는 것을 알았더라면

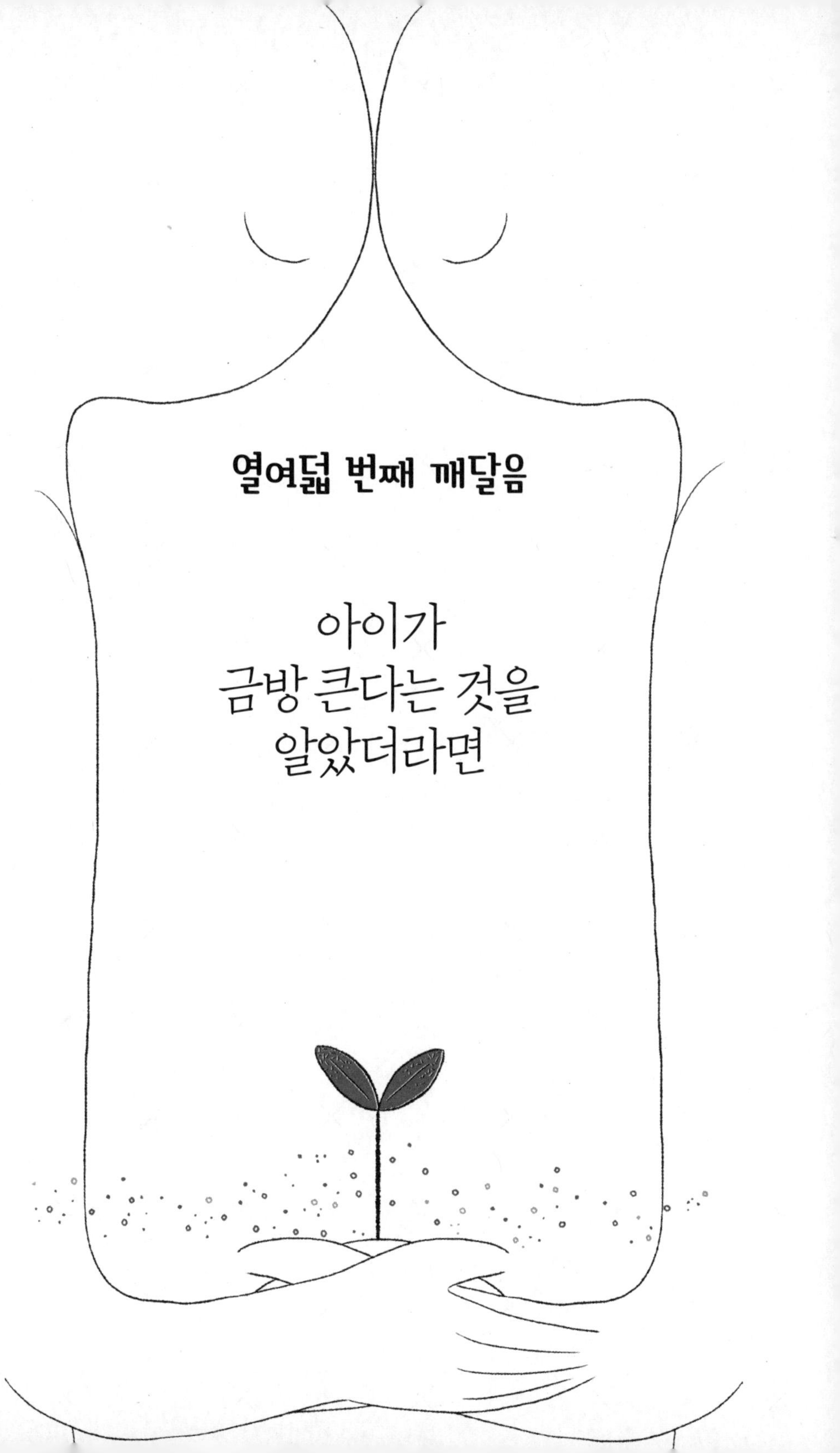

15장의 사진

스티븐 아디스라는 남자가 있다. 그는 카메라를 들 수 있는 나이가 되면서부터 사진 찍는 일에 열정을 가졌다. 그가 평생 자신이 찍어 온 사진 중 가장 아끼는 사진 15장을 소개한다. 그런데 그 사진은 자신이 찍은 것만 있는 것이 아니다. 게다가 그 사진은 감독도 없고, 스타일리스트도 없고, 조명도 사용하지 않았다.

그 사진의 시작은 그가 강의를 위해 가족과 함께 뉴욕에 갔을 때였다. 마침 딸아이의 첫 번째 생일날이었다. 그는 거리에서 딸을 안고 사진을 찍었다. 아내가 찍어 준 스냅사진이었다. 뉴욕의 건물 모퉁이에 서서 한살이 된 딸을 안고 찍은 모습은 여느 아빠와 딸의 모습과 다르지 않았다. 그 이후 정확하게 1년 후 아빠는 딸과 함께 다시 뉴욕에 왔다. 그리고 똑같은 사진기로 똑같은 자리에서 똑같은 포즈로 사진을 찍었다. 그때까지만 해도 그냥 기념사진일 뿐이었다. 그런데 아이의 세 번째 생일이 다가오자 아내가 이렇게 말했다.

"여보, 우리 딸을 뉴욕으로 데려갈까? 그리고 아빠와 딸의 연례여행으로 만들면 어떨까?"

그래서 아빠와 딸의 뉴욕여행은 연례행사가 되기 시작한다. 한 살 한 살 아이의 생일을 맞을 때마다 뉴욕 15번가와 5번가 사이의 건물 모퉁이에서 똑같은 포즈로 사진을 찍는다. 딸이 15살이 될 때까지 찍은 15장의 사진은 그렇게 해서 자신의 인생에서 가장 소중한 사진이 된다.

아빠는 몇 장의 사진이 모여지기 시작하면서 그 사진들이 자신과 가족의 인생을 서서히 바꾸어 가는 것을 깨달았다. 아빠와 딸의 사진을 찍기 위한 여행은 점점 성스러운 일이 되어 갔다.

딸은 어떤 느낌이었을까? 자신의 생일마다 뉴욕으로 가서 아빠에게 안겨서 사진을 찍는 기분은 어떨까? 아마 커가면서 아빠에게 안기는 것이 쑥스럽게 느껴질 때도 있었고, 자신이 너무 무거워져서 아빠가 들기 힘들면 어떡하지 걱정되기도 했을 것 같다. 그런 행복한 고민을 하면서 딸은 아빠에게 안겨 사진을 찍는다.

사진은 아빠와 딸의 시간이 어떻게 흘러가는지 보여주었다. 매년 두 사람이 어떻게 변해가는지 보여준다. 두 사람을 둘러싼 주변이 어떻게 변해 가는지 알게 해주었다. 아빠 품속에 쏙 들어가던 아이가 점점 자라 이젠 아빠가 안아 올리기 힘들만큼 다 자란 아가씨가 되어 가고 있었다. 아빠는 딸의 눈을 통해 그 시간을 뒤돌아보고 자신의 인생도 보게 된다. 아빠의 머리엔 흰머리가 생겨나고 딸은 점점 눈부시게 자라고 있다. 딸은 이제 자신이 자라온 추억이 가득 깃든 뉴욕에서 대학을 다니기로 결정하고 준비한다.

아이를 키우는 우리에게 가장 중요한 것은 뭘까? 아이와 부모 사이에 남는 것은 무엇이어야 할까? 여러 가지 중요한 것들이 있겠지만 그중 사진으로 남는 추억은 부모에게도 아이에게도 매우 중요한 것 같다. 기왕이면 스티븐 아디스와 딸처럼 가족만의 전통적인 연례행사가 되는 사진을 찍으면 좋겠다. 매년 한 장의 사진을 찍기 위해 뉴욕으로 여행을 떠나는 아빠와 딸을 상상해보자. 그 여행을 준비하면서 얼마나 많은 이야기들을 주고받았을까? 사진을 찍고 돌아와서 다음 사진을 준비하면서 1년의 시간을 얼마나 재미있고 의미 있게 보냈을까? 아이는 커가고 아빠는 나이 들어갔지만, 여전히 변하지 않은 아빠와 딸의 미소가 보는 이의 마음조차 흐뭇하게 만든다. 부모로서 느낄 수 있는 감사와 감동을 이들 가족은 고스란히 다 가졌다. 정말 부럽다.

우리에게 가장 중요한 것은 추억이다. 의식적으로 추억을 만들어 내는 것이 중요하다. 1년에 한 번 똑같은 장소에서 똑같은 모습으로 찍는 사진은 가족의 한 해를 뒤돌아보게 하고, 인생을 생각하게 한다. 그림책《쿠키 한 입의 행복 수업》에서 말해주는 가치들이 다시 생각난다. 쿠키를 굽고 구워진 쿠키를 먹으며 우리 인생에서 무엇이 중요한지 한번 마음에 새겨 보면 좋겠다.

외롭다는 건 이런 거야. "나 혼자 먹으니까 쿠키가 별로 맛이 없네."
감사하다는 건, 식탁에 모여 앉은 사람들과 차려 놓은 쿠키를 둘러보며 기쁨을 느끼는 거야.
가족이란, 크리스마스 쿠키를 함께 나누어 먹는 사람들이야.
전통을 지킨다는 건, 해마다 똑같은 때에 특별한 앞치마를 차려 입고, 똑같은 쿠키를 굽는 거야.
평화롭다는 건, 아무도 남이 가진 쿠키에 신경 쓰지 않고 지금 자기가 가진 쿠키에 조용히 만족하는 거야.

그는 어떻게 알았을까?

만약 우리 집에 불이 난다면 무엇을 가장 먼저 가지고 뛰쳐나가겠는가? 젊은 시절 친구들과 비슷한 대화를 나눈 적이 있었다. 연애 중인 친구들의 1순위는 대부분 연애 편지였다. 가족도 챙기고 통장도 챙기고 귀중품도 챙겨야 하는 그 찰나에 사랑에 빠진 친구들은 한결같이 연애편지를 빼놓지 않았다. 현재 사랑하고 있음에도 불구하고 그 사랑의 추억이 소중하기 때문일 것이다.

아이와 나눈 연애편지는 없겠지만 아이와 함께 찍은 사진이 곧 연애편지가 아닐까? 서로 사랑하고 함께 행복한 시절의 추억이 고스란히 담겨있으니 말이다. 아이가 너무 금방 커 버려서 허전하다고 느껴질 땐 앨범을 펼치자. 아이의 어릴 적 모습이 담겨 있는 앨범은 그야말로 보물 창고이다. 부모는 아이가 너무 금방 커버린 것 같아 허전하고 아쉽기만 하다. 하지만 스티븐 아디스처럼 성스러운 추억이 깃든 사진이 있다면 그 허전함은 많이 다를 것 같다. 아이의 어릴 적 모습과 커가는 모습은 볼수록 감사하고 감동적이고 감격스럽다. 금방 커버렸다는 말이 나오지 않을 정도로 많은 이야기가 그 사진 속에 들어있다.

이 부녀의 사진을 한 엄마에게 소개하니 자신도 비슷한 생각을 한 적이 있단다. 남편과 결혼 1주년 때 사진을 찍으면서 매년 어떻게 늙어가는 지 기념일 때마다 사진을 찍자고 말했단다. 평소 말 없는 남편이 더 말이 없기에 싫은 줄 알고 그냥 잊어버렸단다. 자신은 왜 애들하고 사진 찍을 생각을 하지 못했는지 아까워 죽겠단다.

"선생님, 저도 하고 싶지만 아이가 다 커서 지금부터 시작할 엄두가 안 나네요."

"지금부터라도 찍는 것이 어떠세요?"

"아쉽지만 아이들은 다 컸고, 저는 늙어가는 모습밖에 없어 찍고 싶지 않네요."

물론 여자는 나이가 들어가면 사진 찍는 게 싫어진다. 나이 들어가는 자신의 모습을 사진으로 확인하는 일은 정말 피하고 싶은 일이다. 그러던 어느 날, 상담 중에 아이들과 매년 사진을 찍기로 결심했다고 했다.

"친한 선배가 '지금 말고 10년 후에 볼 생각으로 찍어둬. 그때가 되면 10년 전에 이렇게 예뻤었나 싶을 거야'라고 하더군요."

맞는 말이다. 아이가 다 컸다면 지금부터 아이와 찍는 사진은 부모인 우리가 점점 늙어가는 모습일 것이다. 그 또한 어떠랴. 나는 늙어가지만 그 옆에 눈부신 어른으로 성장해가는 아이의 모습도 있지 않은가. 나이 들어가는 부모와 함께 찍은 사진이 아이의 마음을 아프게 할 수도 있겠지만 어떤 식으로든 큰 의미가 있을 것 같다.

혹시 아이가 태어나서 지금까지 지나간 몇 년의 사진을 못 찍은 게 아쉬워 시작을 망설이지 않으면 좋겠다. 지금부터 찍어 보자. 아이가 10살이면 10장의 사진은 놓쳤지만, 앞으로 수십 장의 사진은 찍을 수 있을 것이다. 아이가 커가면서 엄마 아빠와 1년에 한번 전통적인 기념사진을 찍는다면 우리는 틀림없이 성공적인 삶을 살고 있을 게다.

나이 들어가는 부모와 기념사진을 기꺼운 마음으로 웃으며 함께 찍는 자식은 분명 부모를 사랑한다. 그렇지 않고는 절대 웃으며 껴안고 사진 찍지 못할 테니까. 그러니 절대 늦지 않았다. 지금부터 우리도 우리만의 연례행사를 시작해보자. 사실 비슷한 생각을 하는 사람은 많은 것 같다. 다만 행동으로 옮기는 사람이 적을 뿐이다. 그들만이 영광을 자기 몫으로 가져가는 것 같다.

정말 금방 커 버렸다

아이 키우는 일을 뒤돌아보며 한마디로 정리한다면 이렇다.

"정말 금방이야!"

엄마가 배불러서 뒤뚱거리며 힘들어 한 것이 엊그제 같은데, 어느새 아기는 젖 빨고 배밀이하고 기어 다니고, 잡고 서더니 이제 자신의 두 발로 땅을 딛고 우뚝 선다. 참, 빠르다. 그 순간순간은 힘들고 더디 가는 것 같은데 왜 잠시 뒤돌아보기만 해도 늘 아이는 빨리 크는 것 같을까? 제발, 잠 좀 푹 자 봤으면 원이 없겠다고 생각하던 시절엔 그렇게 힘들고 시간이 더디 가더니 그 기억은 다 어디로 가고 애들 금방 큰다는 말만 하고 있다.

아이가 좀 컸다 싶은 느낌이 들 때 뒤돌아보면 아이는 정말 금방 컸다. 초등학교 입학한다고 엄마도 함께 설레던 게 바로 며칠 전인 것 같은데 어느새 고학년이 되고 초등학교를 졸업한다. 중학교 입학을 앞둘 때쯤이면 아이는 엄마 키를 넘기 시작한다. 나보다 커지는 아이를 보는 기쁨 또한 짜릿하다.

그런데 중학생이 되고선 이제 본인도 다 컸다고 생각하기 시작한다. 엄마 눈엔 마냥 어리기만 한 아이인데 아이는 자신이 다 컸다고 엄마를 가까이 하려고 하지 않는다. 이제 지켜보는 사랑으로 사랑의 방식을 바꾸어야 할 때가 된 모양이다. 게다가 아이의 생활이란 학교와 학원으로 한정되어 버리는 경우가 많아진다. 밤 10시를 훌쩍 넘어 들어온다. 개인적으로 이런 삶의 방식은 절대 권하고 싶지 않다. 그 귀한 시간, 눈부시게 커가는 아이를 지켜볼 수 있는 시간을 공부와 입시에 떠밀려 정신 못 차리고 흘러가게 만들지 않았으면 좋겠다. 그런 생활은 아이만 힘든 게 아니라 엄마 마음속에 아이에 대한 사랑으로 채워져야 할 자리를 불안감에게 빼앗기게 한다.

아이는 하루하루 훌쩍 커가는데 그 사랑스런 모습을 채우지 못했으니 엄마는 아쉽기만 하다. 뒤돌아보면 커가는 아이의 모습은 생각나지 않고 어느새 훌쩍 커 있는 느낌이다. 그런데 좀 더 곰곰이 생각해 보면 '정말 금방 컸다'는 말속엔 어쩌면 전혀 다른 2가지 의미가 있는 것 같다. 훌쩍 큰 아이를 행복하게 바라보며 인생을 관조하는 의미일 수도 있고, 아이와 나눈 추억은 없는데 어느새 시간이 흘러 아이가 자신을 떠나려 하는 것에 대한 아쉬움일 수도 있다. 이제 아이와 어떤 시간을 보내고 싶었는지 생각해 보아야 한다.

중학교에 입학하면 아이가 시험 한번 볼 때마다 계절이 바뀌고, 중간고사,

기말고사 한 번씩 보고 나면 한 학기가 훌쩍 지나간다. 아이랑 제대로 마주보며 웃지도 못했고, 다독여 주지도 못한 것 같은데, 시험 열두 번 보니 중학교를 졸업한다. 여유 생기면 아이랑 이야기도 많이 하고 놀기도 하고 여행도 가려고 했는데 아이는 어느새 고등학생이 된다. 사는 게 이래도 되나?

중학교 시기는 어린 아이가 어른으로 커가는 시기이다. 중2병이니, 질풍노도니, 그다지 예쁘지 않은 말로 중학생 시기를 말하고 있지만 어리기만 하던 아이가 어른으로 커가는 가장 중요한 시기이다. 곤충은 성충이 되기 전에 번데기 과정을 거치면서 그 속에서 안전하게 변신을 이룬다.

하지만 사람에게 그런 기회는 없다. 여전히 일상을 살아가면서 부대끼고 온갖 위험에 온몸을 그대로 노출한 채 그 시기를 보낸다. 부모가 분명 울타리가 되어 주어야 하는데 제대로 울타리 노릇을 하고 있는지 모르겠다. 아이가 커가는 황금 같은 시기를 이렇게 보내니 시간이 갈수록 아이가 너무 금방 커 버린 것 같아 아쉬움만 남는다. 금방 컸다는 말이 지나온 시절에 대한 회한만을 의미하는 것은 슬픈 일이다.

누가 봐도 참 좋은 관계인 엄마와 대학생 딸이 있다. 그 엄마는 이렇게 말한다.

"아이 정말 금방 커요. 그러니 아이랑 즐거운 추억 많이 만들고, 많이 웃어요. 그럼 아이가 공부도 어느 정도 스스로 해요."

그녀도 아이가 금방 컸다고 말하지만 아쉽지는 않단다. 아이에게 잘못한 것에 대한 후회와 미안함도 있지만, 엄마는 아이가 자신의 인생을 살아가도록 옆에서 지켜주고, 응원하고, 힘들어할 땐 함께 울어 준 시간들이 많아 아쉬움은 별로 없단다.

그런 시간 덕분이었는지 그녀의 딸은 엄마를 정말 사랑하는 것 같다. 지금 서로 사랑하니 지나간 시간이 덜 아쉬운 것 같아 보인다. 아이와 부대낀 기억들, 함께 웃던 시간들, 때론 서로 원망하며 갈등하던 시간들조차 아름답게 승화된 추억으로 남아 그 허전함을 채워준다. 그들을 보니 '아이가 금방 컸다'는 말속에서 나는 어떤 느낌을 갖고 있는지 생각해 보아야할 것 같다.

누워서 두 팔을 버둥거리기만 하던 아기가 어느새 뒤뚱거리며 나보다 앞장서서 뛰어가며 엄마를 오라고 손짓한다.

"어느새 저렇게 많이 컸지?"

어느 순간이 되면 이제 엄마는 아랑곳하지 않고 앞으로 달려가겠지. 혹시 뒤돌아서 누군가를 손짓해도 이제 그게 엄마가 아닌 친구를 더 찾게 되겠지. 아니면 이성 친구에게 넋을 잃고 엄마는 안중에도 없게 되겠지.

엄마를 뒤에 두고 자신의 인생을 바라보며 앞으로 걸어가는 아이를 보며 이렇게 말하고 싶다.

"금방 컸어. 근데 참 잘 컸어."

아쉬움보다 충만함을

아이가 크는 동안 엄마는 아이와 무엇을 했을까? 공부 챙기고, 놀겠다는 아이와 실랑이하고, 게임에 빠져 정신 못 차리는 아이에게 악다구니하고, 문 쾅 닫고 들어가 버리는 아이에게서 상처받고. 이런 것만 하며 아이와의 시간을 보내는 건 너무 아깝다. 아이와 어떤 일상을 보낼지, 일주일에 꼭 한번 아이와 함께 하고 싶은 것은 무엇인지, 살면서 내가 엄마가 된다면 아이와 함께 꼭 하고 싶은 일의 목록을 미리 만들어 보면 어떨까?

주변에서 아이와 하는 걸 보고 "어머, 아이랑 그런 것도 해요?"라고 놀라는 역할만 하고 시간을 보내기엔 너무 아까울 것 같다. 어떤 엄마는 아이와 함께 줄넘기를 하고, 함께 자전거를 타고, 함께 음식을 만들고, 함께 그림도 그리고 책도 읽는다. 1년 반 동안 초등학생 아들과 함께 백두대간을 종주하는 엄마도 있다. 어떤 엄마는 용감하게도 아이와 함께 1년씩 배낭여행을 떠나기도 한다. 부러워만 할 게 아니라 작은 일부터 하나씩 따라해 보면 좋겠다.

나에게 만약 1년의 완전한 자유 시간이 주어진다면 아이와 무엇을 하고 싶은가? 엄마와 아이의 꿈의 목록을 정해 보자. 너무 막연하면 존 고다드라는 사람의 일생을 살짝 들여다보자. 그는 15살 때 할머니와 숙모가 나누는 대화가 온통 "내가 만약 그때 그 일을 시작했더라면……"이라는 후회뿐이라는 것을 깨달았다.

이후 그는 그렇게 후회하지 않는 삶을 살리라 다짐한다. 그는 노란색 종이에 〈나의 인생 목표〉라는 제목을 쓰고 그 아래에 자신이 살면서 하고 싶은 일의 목록을 써내려 간다. 그가 세운 127가지의 인생목표는 전 세계 모든 국가를 한 번씩 방문하는 계획에서부터 에베레스트 산 등정하기, 해저 탐험하기, 비행기 조종술 배우기, 원시 부족의 의약품 공부하기, 대학교에서 강의하기, 동양의 지압술 배우기, 〈타잔〉 영화에 출연하기, 브리태니커백과사전 전권 읽기, 선원이 되어 화물선에 승선해보기, 몸무게 80kg 유지하기, 음악 작곡하기, 결혼해서 아이의 아빠 되기 등이었다.

그는 이 말도 안 되는 목록의 꿈들을 하나씩 실천해 나간다. 그가 1972년 미국의 〈LIFE〉지에서 꿈을 성취한 미국인으로 소개되었을 때 그의 나이는 47세, 127가지 꿈 중에서 114개를 이룬 상태였다. 그 후로도 더 많은 꿈의 목록을 만들고 계속 꿈을 이루며 살다 2013년 숨을 거두었다. 그는 사람들에게 이렇게 말한다.

"내가 만일 1년을 더 산다면 무엇을 할까 생각해 보세요. 그럼 마음속에서 분명히 하고 싶은 일이 떠오를 겁니다. 그때 미루지 말고 즉각 해보세요. 그렇다면 꿈을 이루는 삶을 살아갈 수 있을 겁니다."

아이는 금방 큰다. 아이가 크는 시간 동안 우리 아이와 무엇을 하고 싶은지 미리 목록을 만들고 싶다. 존 고다드의 말처럼 하고 싶은 일을 미루지 말고 즉각 시도하는 용기만 있다면 우리도 새로운 삶의 역사를 만들 수 있지 않을까? 아이들에게 그의 이야기를 들려주고 자신의 꿈의 목록을 적어 보라고 했더니 재미있는 게 많다.

라면 혼자 끓이기, 번지 점프하기, 말 안 해도 친구 마음 알아맞히기, 베스트프렌드 100명 만들기, 평생 좋아하는 음식만 먹고 살기, 태권도 검은 띠 따기, 기와집 짓기, 한 달간 동굴에서 살아보기, 전투기 운전하기(헬리콥터도 괜찮음), 씨앗 심어서 나무로 키워 열매 따먹기, 스카이다이빙 해보기, 뮤지컬배우 되기, 신문에 좋은 일로 사진 나오기

다 예쁜 꿈들인데 엄마랑 함께 하고 싶은 건 하나도 없다. 말을 잘못했나 보다. '엄마와 함께 하고 싶은 일' 목록을 적어 보라고 해야겠다.

열아홉 번째 깨달음

나를 잃지 않으려고 노력했더라면

아이가 준 선물

새로 시작하는 엄마 모임에서 인사하고 자기소개를 하였다. 모두들 돌아가며 자신의 이름과 나이 그리고 아이들에 관해 소개했다. 한 엄마가 자신의 아이는 모두 3명인데 그중 한 명은 하늘나라에 있다고 했다. 그녀의 이야기는 모든 엄마들의 입을 닫게 했다. 그녀의 편안한 말투에 다른 사람들이 오히려 당황해 한다.

"괜찮아요. 우리 아이 이야기 편안하게 물어보셔도 좋아요. 전 그 아이 이야기하는 거 좋아해요. 이야기할수록 감사하고 더 많이 사랑하게 되요."

아이를 먼저 보내는 아픔이 사람이 겪는 아픔 중에 가장 크지 않을까? 그런데 그런 아픔을 겪은 그녀는 이상하게도 편안해 보였다. 아이가 아무리 속을 썩인다 해도 그건 아이가 살아있기에 가능한 일이다. 공부를 싫어하고, 친구랑 싸우고 그 어떤 문제 행동으로 엄마의 속을 썩인다 해도 그 아이는 살아있으니 아이를 잃은 엄마 앞에선 할 소리가 아닌 것 같다.

모두들 어쩔 줄 몰라 하자 그녀가 입가에 편안한 미소를 머금고 담담하게 아이 이야기를 들려준다. 그 아이가 살아 있는 동안 어떤 시간을 보냈을지 궁금했다. 그녀의 아이는 병으로 7살에 세상을 떠났다고 했다. 아이는 4살 무렵 병이 생겼고, 간절한 마음으로 온갖 치료를 다 받게 했지만 결국 세상을 떠나고 말았다. 아이가 떠난 지 3년 정도 되었다고 했다. 살아있으면 10살이 되었을 나이다. 엄마는 아이가 아픈 3년 동안 아이와 많이 이야기하고 함께 웃었단다.

통증이 찾아올 때마다 모두 엄청난 고통을 겪었지만, 그렇다고 그 두려움에 빠져 나머지 시간을 허투루 보내지 않았다고 했다. 책을 읽어주고, 이야기도 나누고, 언젠가 아이가 크면 하고 싶은 일에 대해서도 상상하며 즐거워했다고 한다. 그리고 기특하게도 아이는 불쌍한 아이들을 많이 도와주라는 유언 같은 이야기도 남겼다. 그 후 아이는 떠났지만 엄마의 마음속에는 아이와 함께 나눈 그 모든 것이 고스란히 남아있었다. 아이와의 행복한 추억 덕분에 여전히 아이와 영혼의 교감을 나누는 느낌이라고 했다.

그 엄마의 마음속에는 허전함보다는 아이에 대한 사랑이 가득 차 있음이 느껴진다. 아이가 내 곁에 있어도 이렇게 허전한데 어쩜 아이가 떠나도 저리 성숙한 모습으로 아이 이야기를 하며 행복한 미소를 지을 수 있을까?

그녀를 생각할 때마다 아이가 크면 허전해지는 것의 의미를 생각하게 된다. '커서 허전하다'는 말은 아이가 예전만큼 나를 찾지 않고, 나와 함께 있으려 하지 않는다는 말이다. 아이가 스스로 잘 돌보는 사람으로 성장하길 바라면서도 독립적으로 성장하고 나니 허전함을 느끼는 건 어쩔 수 없다. 그런데 그 정도가 심하다면 좀 생각해 보아야겠다. '허전하다'는 말은 결국 아이와의 사랑과 추억이 부족하다는 말이 아닐까? 또한 엄마가 자신의 모습을 잃어버렸다는 말도 되는 것 같다. 결국 엄마는 아이를 사랑하고 키우면서 아이를 마음에 담는 일과, 자신을 잃어버리지 않고 잘 지키고 키우는 일 2가지를 모두 다 해야 한다.

그녀는 아이의 유언 같은 말 덕분에 지역아동센터에서 아이들을 돕는 일을 시작했다고 한다. 처음엔 봉사 차원에서 일주일에 한번 정도 가서 돕는 일을 시작했다. 그러다 본격적으로 생활교사가 되어 아이들을 돌보고 있다. 자신이 떠나간 빈자리를 다른 아이들을 도와주며 채우고 슬퍼하지 말라는 아이의 마음이 느껴져 오히려 아이가 엄마를 지켜주고 있다는 느낌이 든다고 했다. 시간이 흐를수록 아이 덕분에 시작한 일이지만 자신이 하고 싶은 일이고, 잘할 수 있는 일이고, 의미 있는 일이라 자신의 삶을 찾아가는 느낌이라 말한다. 떠나간 아이가 엄마에게 준 선물 덕분에 엄마는 자신을 잃지 않고 잘 돌볼 수 있게 되었단다.

아이가 크는 동안 엄마도 컸을까?

"애들 다 크니까 난 쭉정이만 남은 것 같아. 어느 날 거울 보니 난 어디로 가고 이상한 아줌마만 보이는 거 있지."

이런 말을 한번 이상 했다면 엄마는 자신을 돌아볼 때이다. 엄마도 사람이고 여자다. 아이와 상관없이 하고 싶은 것도 많다. 하루하루 커가는 아이 모습이 너무 사랑스럽다가도, 빨리 아이로부터 벗어나 인생의 자유를 얻는 날을 그리워하기도 한다.

하지만 정작 아이가 성인이 되어 품을 벗어나기 시작하면 엄마는 자신의 나이가 너무 부담스럽다. 일하는 엄마들과 전업주부로 살아온 엄마들이 나이 오십을 전후해서 확연히 다른 모습을 보이는 때가 바로 이 점이다. 일하는 엄마는 일이 있어 너무 감사하며 여자 나이 오십이 황금기의 시작이라 말한다. 전업주부는 자신이 무엇을 하고 싶은지, 어떤 일을 할 수 있을지 모르는 답답함에 우울해지는 경우가 많다. 아이가 다 컸는데 허전함이 커진다면 이제 확실한 신호다. 지금부터 엄마는 자신을 돌보아야 할 때이다.

그동안 엄마도 컸을까? 아이 키우느라 쭉정이만 남은 기분이라면 말이 안 된다. 키운 공도 모르고 저 살기에 바빠진 아이를 보며 자신은 이룬 게 없다는 느낌이라면 참 허탈하다. 아무리 주는 게 사랑이라지만 다 주고 남은 게 없는 건 제대로 준 게 아니다. 엄마는 아이에게 모든 걸 다 주면서도 자신이 누구인지, 어떤 사람인지 잃어버리면 안 된다. 혹시 이 노래가 자신의 노래로 느껴지는가?

어느 날 난 낙엽 지는 소리에 갑자기 텅빈 내 마음을 보았죠

그냥 덧없이 살아버린 그런 세월을 느낀 거죠

저 떨어지는 낙엽처럼 그렇게 살아버린 내 인생을

잃어버린 것이 아닐까 늦어버린 것이 아닐까

흘러버린 세월을 찾을 수만 있다면 얼마나 좋을까 좋을까

난 참 바보처럼 살았군요

난 참 바보처럼 살았군요

–김도향 작사 · 작곡, 〈바보처럼 살았군요〉

이 노래 가사처럼 지난 세월을 찾고 싶다면 정신 차리고 지금부터 잃어버린 세월을 다시 만들어 가면 어떨까? '사람은 열 번 된다'는 속담이 있다. 사람이 자라면서, 또는 평생 동안 자꾸 변해감을 이르는 말이다. 여러 번 변화하고 발전된다는 의미이기도 하다.

엄마가 되기 전엔 분명 우리에게도 해당되는 말이었는데, 엄마가 되고 난 후에는 엄마는 이런 법칙에서 스스로 제외시키고 생각한다. 이 지점이 갈림길이다. 더 이상 변화되지 않는 사람과 여전히 변화하고 발전하는 사람으로 나뉜다. 조상님의 지혜가 깃든 속담의 속뜻은 머물지 말고, 주저앉지 말고, 계속 변화하고 성장하라는 의미일 것이다. 삶이란 자신이 마음먹고 행동하기에 따라 얼마든지 변화할 수 있으니 한번 뭐든 해보라는 소리로 들린다.

나이가 들어가면 나의 변화뿐 아니라 주변 사람의 삶의 모습도 객관적으로 통찰하며 보게 된다. 눈부신 젊은 시절, 남의 부러움을 잔뜩 받는 이가 마흔을 넘어서며 그리 빛나지 않는 건 왜일까? 별로 잘하는 것도 없고 볼품도 없어서 전혀 관심을 받지 못하던 이가 오랜 시간 서서히 갈고 닦아 광채를 빛내기 시작하는 건 왜일까?

'사람은 열 번 된다'는데 아무래도 자신이 열 번 되기로 마음먹은 사람과 그렇지 않은 사람과의 차이라는 생각이 든다. 너무 아까운 자질과 재능을 그냥 흘러가는 세월에 같이 보내버리는 사람들을 많이 본다. 주변 사람보다 훨씬 똑똑하고, 용감하고, 진취적이었던 이들이 엄마 역할 20년 하고 나더니 자신의 꿈이 무엇인지 모르겠다고 하소연한다. 엄마로 살기 전에 '나도 잘 커야지!' 마음먹고 엄마 역할을 시작하면 좋겠다. 엄마로 살아온 사람도 '나, 참 많이 컸어!'라는 말을 할 수 있으면 좋겠다. 그리고 내 마음에게 이 질문을 꼭 해보자.

"너, 잘 크고 싶니?"

만약 내가 엄마가 아니었다면

엄마로 살면서 내가 나를 잃어갈 때의 모습은 늘 이랬다. 우왕좌왕, 아등바등, 허겁지겁, 헐레벌떡. 나 자신이 이러고 있다고 느껴졌을 땐 언제나 후회할 일이 많았다. 나답지 않았고, 내가 왜 그랬는지 이해하지 못할 때도 있었다. 부화뇌동하는 엄마, 자기 생각이나 주장 없이 남의 의견에 동조하며 헐레벌떡 쫓아가기만 했었다.

당신은 어떤가? 착하고 순진한 엄마일수록 귀가 얇아 자신도 모르게 부화뇌동하는 경우가 많다. 남들 다 하는 대로 좋은 학원 보내는 게 좋은 교육이고 좋은 엄마 역할이라 잘못 생각하게 된다.

엄마가 자신을 지키는 첫 번째 방법은 다른 사람의 의견을 자신의 의견인 것처럼 생각하지 말고, 다른 사람의 의견에 선불리 동조하지 않는 것이다. 귀가 솔깃해지는 정보나 제안을 들으면 그 자리에서 결정하지 말고 집으로 돌아와 다시 곱씹어 생각해 보아야 한다. 아이 재우고 난 다음 뺨에 뽀뽀해주고, 선선한 밤바람을 맞으며 달도 보고 별도 보면서 한 번 더 생각해 보는 게 좋다. 원래 나라면 어떤 방법을 선택할지, 왜 그런 말에 마음이 흔들렸는지 한번만 생각해 보면 된다.

엄마라는 역할은 나를 잃어버리고 살기 쉽다. 그럴 땐 가끔 스무 살의 나로 돌아가 그때 내가 바랐던 꿈에 대해 생각해 본다. 그때 나는 무슨 꿈을 꾸었나? 살면서 어떤 일을 하고 싶었고, 무엇을 보고 싶었나? 때로는 아무 생각 없이 10분간 꽃만 바라보기도 한다. 하루 종일 정신없다가도 그런 시간을 잠시라도 갖고 나면 이상하게 마음이 평안해지고 자신의 본질을 어렴풋이 깨닫게 된다. 엄마로 살지만 자신의 색깔을 잃지 않게 된다. 나를 잃지 않으려는 노력은 거창한 게 아니다. 유유자적하게 '원래 나라면 어땠을까?', '내가 아이를 키우는 엄마가 아니라면 지금 나를 보며 뭐라 말할까?' 이런 생각을 하루에 한번만 하면 된다.

그녀는 다시 자신을 찾을 수 있을까?

김찬삼 교수는 30여 년간 세 번의 세계 일주로 160여 개국 구석구석을 탐험했던 원조 세계여행가이다. '우리나라의 진정한 여행가는?'라는 질문에 국내 유명 여행가들이 주저 없이 정답으로 제시하는 사람이 바로 김찬삼 교수다. 한비야, 박영석 등 거의 모든 여행가에게 영감을 준 스승이기도 하다.

이제 쉰 살이 된 한 여자의 이야기이다. 어린 시절 그녀의 집에는 〈김찬삼의 여행전집〉이 있었다. 어린 그녀는 심심하면 그 책을 꺼내 뒤적이며 사진을 보았다. 너무나 신기한 사진들을 통해 지구에 얼마나 다른 모습의 사람들이 많고 다양하게 살아가는지 알게 되었다. 그리고 자신도 언젠가 김찬삼 교수처럼 여행가가 되는 꿈을 꾸기도 했다. 이런 꿈을 꾸었으니 그녀도 한비야처럼 되어야 했었다. 그러나 그렇지 못했다.

그녀의 꿈이 어떻게 포기되었는지 알아보자. 김찬삼 교수 같은 여행을 꿈꾸었던 그녀는 대학생이 되자마자 여행 동아리에 가입했다. 그러나 그 동아리의 선배들은 아무도 그녀에게 관심을 가져 주지 않았다. 자신의 꿈을 실행하기 위해 어렵게 찾아간 동아리방에서 덩그러니 앉아 선배들 이야기를 들었지만 소통하는 느낌도 들지 않았고 특별히 말을 걸어 주는 사람도 없었다. 그러려니 하고 1~2주를 버텼는데 선배들은 여행이야기는 하지도 않고 신변잡기로만 시간을 때운다.

그러다 예쁜 신입 여학생이 찾아오자 그 무심하던 선배들이 갑자기 활기를 띠고 서로 말을 걸려고 노력한다. 그 순간 그녀가 바랐던 그림은 깨졌다. 젊은 꿈을 갖고 함께 여행을 하며 세상을 배워 갈 수 있을 거라 기대했던 곳에서 예쁜 여학생에게만 관심을 주는 남자 선배들의 모습은 참 한심스러웠다. 그래서 더 이상 가지 않았다. 그렇게 그녀의 작은 꿈은 그냥 묻혀 버렸다. 왜 혼자서라도 여행을 시작하지 않았냐고 묻는다면 변명할 거리는 많다. 1980년대였으니 여자가 혼자서 여행가는 게 큰일 나는 줄 알던 시기였고, 해외여행 자유화가 되지 않아 지금 대학생들 같은 배낭여행은 꿈도 못 꾸던 시절이다.

그녀는 대학을 졸업할 무렵이 되어서야 그동안 미뤄왔던 '혼자 떠나는 여행'을 꼭 성공하고 싶었다. 1박 2일 울릉도여행을 계획하고 포항여객선 터미널로 갔다. 그녀의 주머니엔 15000원이 있었다. 나름 배삯과 1박 2일 동안의 여비를 계산한 돈이었다.

그런데 날씨가 안 좋다. 배가 울릉도에 들어갈 순 있지만 날씨에 따라 다음 날 나오는 배가 안 뜰 수도 있단다. 그녀는 대합실 의자에 앉아 고민했다. 자신이 가진 돈은 딱 1박 2일의 비용뿐인데 만일 배가 안 뜨면 며칠을 더 지내야 하는데 돈이 부족했다. 지금 같으면 어디 가서 하루 이틀 묵을 여비를 마련하거나, 안 되면 경찰서라도 찾아가 사정 이야기를 하고 도움을 요청할 수 있겠지만 어린 그녀는 그런 방법을 엄두도 내지 못했다. 경험도 용기도 없었다. '무전여행'이라는 말은 익히 들어 알고 있었지만 그걸 어떻게 하는 건지는 몰랐었다.

혼자 고민하며 1시간을 대합실 의자에 앉아 있다 결국 집으로 발길을 돌렸다. 그 이후 25년 넘게 그녀는 혼자 가는 여행은 꿈도 꾸지 못했다. 결혼하고 아이 키우느라 그녀의 꿈은 기억 반대편에 꽉꽉 숨겨 놓았다. 아이가 다 커서 대학생이 되고서야 자신의 삶을 돌아보기 시작했다. 한비야 같은 삶을 살 수도 있었던 그녀의 작은 꿈은 말라비틀어지고 찌그러진 채 미라가 되어 있었다.

그녀의 꿈은 다시 생명을 얻을 수 있을까? 이제 그녀는 자신의 꿈을 다시 시작하고 싶다. 하지만 그녀가 빛바랜 꿈을 실현하기 위한 이유보다 포기해야 하는 이유가 더 많이 떠오른다. 만약 당신이 그녀의 친구라면, 언니라면 혹은 딸이라면 그녀에게 무슨 말을 해주고 싶은가? 아마 그녀에게 해주는 말이 바로 당신이 자신에게 해주는 말이 되지 않을까?

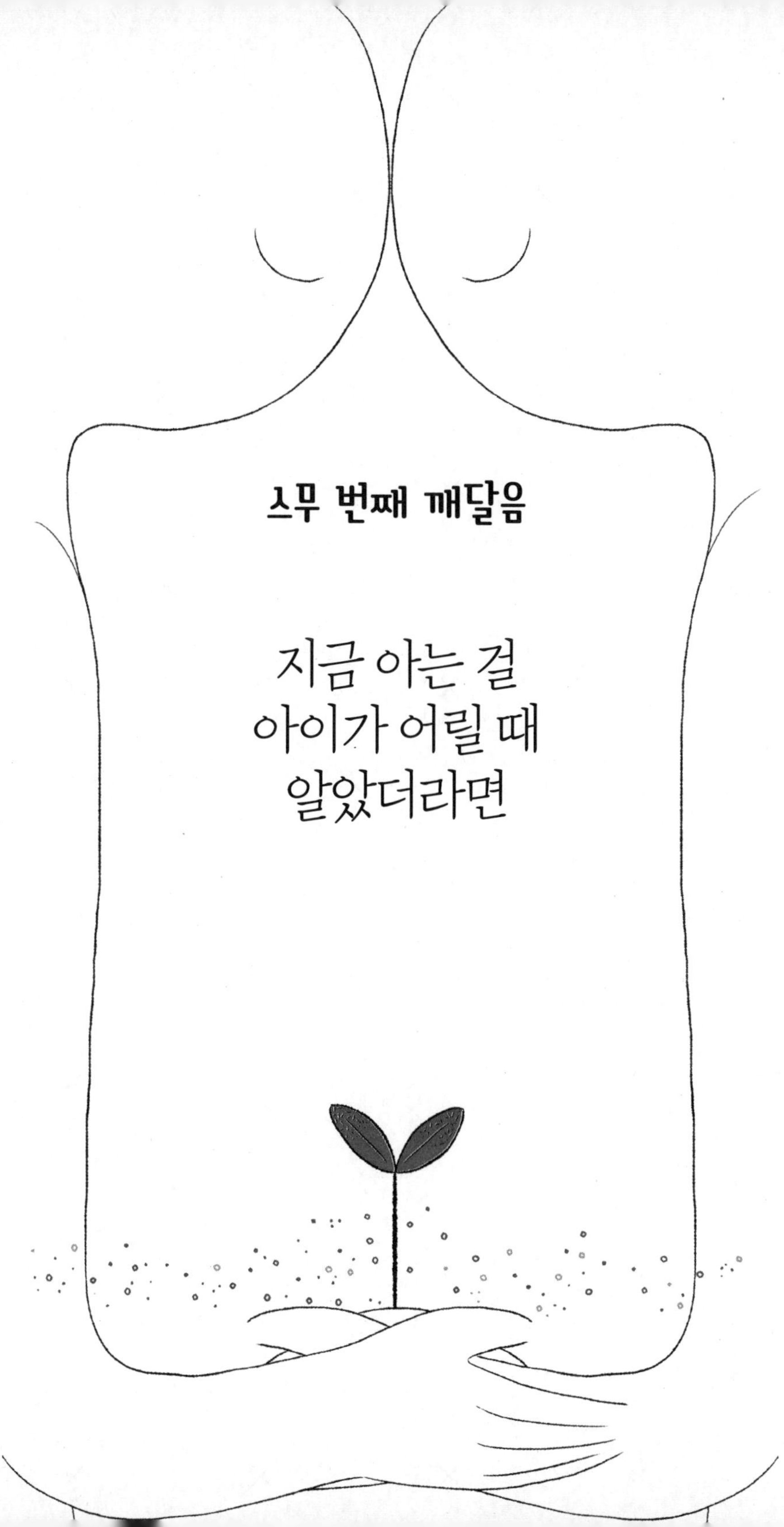

스무 번째 깨달음

지금 아는 걸
아이가 어릴 때
알았더라면

지금 아는 걸 아이가 어릴 때 알았더라면

제주도 미로 공원에서 길찾기를 해본 적이 있다. 사람 키를 훌쩍 넘는 큰 나무들이 벽처럼 연결되어 길을 만들었다. 들어가서 두세 번 모퉁이를 돌고 나면 방향 감각이 사라지기 시작한다. 재미있으려고 들어간 미로에서 슬슬 불안해지기 시작한다. 지도가 있지만 지도에서 자신의 위치를 찾는 것도 쉬운 일이 아니었다. 게다가 그늘진 곳으로 들어가면 왠지 으스스한 분위기가 느껴지고 두려움이 엄습하기 시작한다. 그런데 그 두려움이란 녀석은 근거 없이 점점 커지기만 한다. 왠지 모퉁이를 돌면 불쑥 뭔가 나타날 것 같은 공포감도 불러일으킨다.

30분을 헤매니 출발할 때 '그 까짓것!' 하는 만만했던 마음은 사라지고 왠지 끝이 없을 것 같은 생각에 현실 감각도 둔해지기 시작한다. 그렇게 불안한 와중에 미로 모퉁이에 작은 간판이 세워져 있다.

누군가는 화를 내며 길을 걷고
누군가는 웃으며 길을 찾는다.
누군가는 급하다고 앞만 보며 달려가고
누군가는 하늘 보며 참, 맑다! 한다.

이 글을 보고서야 정신을 차렸다. 공원 관리자의 센스가 참 마음에 든다. 정신 차리고 다시 지도를 꼼꼼히 보고서야 겨우 나가는 길을 찾았다. 2층 전망대에 올라가 길을 찾은 자만이 울릴 수 있는 종을 치면서 성공의 기쁨도 누렸다.

그리고 다시 한눈에 보이는 미로를 내려다보았다. 내가 헤맨 길이 다시 보니 아주 단순한 길이었다. 허탈한 웃음이 나왔지만 왠지 사는 모습도 이런 게 아닌가 하는 생각도 들었다. 내가 불안에 떨며 헤맸던 그 장소에서 다른 사람들도 헤매고 있는 모습을 보니 저절로 웃음이 나온다. 우리 모두 미로 같은 인생길에서 헤매는 건 아닐까? 삶의 진리는 알고 보면 단순한데 그걸 깨닫지 못해 이리 사는 게 힘든 건 아닐까? 아이를 키우는 일이 꼭 미로공원에서 길 찾기 같다.

아이에게 문제가 생기는 건 대부분 엄마가 아이 마음을 몰랐기 때문이다. 그 상태로 아이가 커버리면 아이 마음속 상처받은 아이가 더 이상 성장하지 못하고 고착되기도 한다. 그리고 몸이 다 커서 성인이 되었음에도 불구하고 불쑥불쑥 튀어나오기도 한다. 아이의 상처가 튀어나올 때마다 생각하는 것은 '지금 아는 걸 그때도 알았더라면' 하는 후회감이다. 아이에게 잘못했다는 후회는 평생 사라지지 않는 것 같다. 아이가 다 크고 나서야 깨닫게 되는 진실들을 왜 아이가 어릴 적에는 미처 알지 못했을까?

숨은 그림 찾기를 생각해보자. 미로 찾기도 생각해보자. 찾는 도중엔 그리 보이지 않던 것들이 한번 찾고 나면 그 다음부터는 너무 쉽게 보이기 시작한다. 지금 아는 걸 아이가 어릴 때 알았더라면 하는 후회가 생길 땐 먼저 아이를 키운 사람들의 지혜를 빌려 보는 것도 좋겠다. 아이의 마음을 들여다보면서 아이가 온몸으로 무슨 말을 하는지 알아가다 보면 나중이 아니라 지금 알아차릴 수도 있다.

은수는 외로워서 그런 거였어요

은수의 부모님은 또래에 비해 나이가 많다. 두 분 다 마흔이 넘어 결혼하셨기에 은수는 4학년인데 엄마, 아빠는 오십이 넘었다. 아빠가 직장을 다니긴 하지만 경제 형편이 좋지는 않다. 엄마는 피부관리사로 일하고 있다. 은수는 아빠에 대한 불만이 너무 커서 엄마에게 차라리 아빠와 이혼하고 둘만 살자고 종종 말한다. 아빠가 술을 드시고 폭력적인 행동을 하는 게 은수에겐 치명적이다.

이런 심리적 상태는 학교에서 친구 돈을 훔치거나, 거짓말로 나타난다. 숙제가 있는 데도 없다고 하거나, 숙제를 하지 않고도 했다고 말한다. 엄마는 아빠가 변하지 않으니 은수라도 상담을 통해 문제 행동이 줄어들길 바란다.

〈은수 어머니께 보내는 상담사의 편지〉

은수 어머니, 안녕하세요?

은수가 상담을 받으면서 좋은 변화가 빨리 있기를 많이 기대하고 계실 것 같아요. 은수의 변화를 위해 가장 중요한 게 무엇인지 하나하나 차례로 짚어가며 은수의 마음속에서 길을 찾아가면 좋겠습니다. 현재 은수가 가진 불안과 우울은 은수의 변화에 가장 큰 걸림돌이 되고 있습니다. 이 때문에 매사에 의욕이 없으며 엄마, 아빠에 대한 불만으로 나타나고 있습니다. 또한 학습에 대한 의지도 전혀 없으며 불만족스러운 자신의 현실을 바꿀 수 있는 것은 돈이라 생각하고 커서 돈을 많이 벌겠다는 생각만으로 꽉 차있습니다.

“돈이 얼마나 중요한데”라고 말하거나 돈을 빌려달라거나 지갑에 들어있는 돈을 자랑하는 등의 태도를 보이지만, 이는 자신의 현재 문제에 대한 두려움을 표현하는 것과 관심을 끌기 위한 것으로 보입니다.

변화가 필요한 문제행동들은 내적인 정서가 편안하게 안정되면 의외로 쉽게 해결될 수도 있다는 생각이 듭니다. 그래서 지금 제가 시도하고 있는 방법은 다양한 책을 읽으면서 은수가 여러 감정들을 해소시키고 새로운 행동 방식을 받아들이도록 유도하고 있습니다. 우선 은수의 좋은 행동을 가로막는 욕구불만들은 크고 어려운 문제보다는 사소한 것에 더 많다는 점을 말씀드리고 싶습니다.

학교에 다녀왔을 때 아무도 자신을 반겨주지 않는 것, 자신이 스스로 끼니를 해결해야 할 때가 자주 있는 것, 엄마랑 함께하는 숙제를 해갈 수 없는 것, 가족이 함께한 즐거운 추억이 별로 없다는 점 등을 들 수 있을 것입니다. 그래서 엄마가 은수를 위해 3가지만 노력해 주시면 좋겠습니다.

첫째, 은수가 학교에서 돌아왔을 때 엄마를 대신해서 은수를 반겨주는 것이 필요합니다.
빈집에 혼자 들어가는 건 어른도 즐겁지 않은 일인데 아직 어린 아이가 몇 년째 엄마 없는 빈집에 들어가는 것은 외롭고 우울한 일이겠지요. 엄마가 일을 해야 한다는 건 잘 이해하고 있으니, 자신의 마음이 힘든 걸 알아주는 엄마의 노력이 은수의 마음을 잘 다독여 줄 수 있을 거라 생각됩니다.
간식이나 작은 편지 등이 준비되어 있다면 은수가 혼자 문을 열고 들어 왔을 때 허전함보다는, 엄마의 진한 사랑을 느끼고 작은 행복감으로 하루를 잘 보낼 수 있을 것입니다.

둘째, 엄마가 일하는 곳에 가보고 싶어 합니다.
일할 때 오면 안 된다는 말에도 은수는 서운해 합니다. 한두 번쯤 엄마가 일하는 모습을 직접 보는 건 아이의 불안을 줄이는 데 큰 도움이 될 것 같습니다. 직접 가보지 못한다면 엄마가 일하는 사진을 보여 주거나 이해할 수 있도록 다정하게 이야기해주면 좋겠습니다.

셋째, 놀이공원이나 가족나들이 등 엄마, 아빠와 함께 즐거운 시간을 보내고 싶어 합니다.

친구들이 흔히 이야기하는 가족나들이 경험이 자신에게는 별로 없다고 생각합니다. 이런 정서적 갈증을 해소시켜 줄 필요가 있습니다. 함께 지내는 시간이 짧다면 그 시간만이라도 은수가 충분히 하루 동안의 불만스런 마음을 해소시킬 수 있도록 정답게 이야기 나누며 스킨십을 해주면 좋겠습니다.

사소한 일인 것 같지만 은수에게는 이런 일상의 변화가 굉장히 큰 의미로 생각될 것이며, 자신의 생활에 의욕을 가지고 행동의 변화를 가져오는 계기가 될 것입니다. 일주일에 꼭 한 번만이라도 은수를 위한 특별한 시간을 만든다 생각하시고 시도해 보시기 바랍니다. 아마 큰 효과가 나타나리라 생각됩니다.

큰 기대를 하고 있을 어머니께 제가 숙제만 안겨 드리는 것 같아 죄송하네요. 가장 좋은 치료 방법은 치료사인 저보다 어머니가 가지고 있다고 생각됩니다. 제가 제안 드리는 방법을 한 가지라도 시도해 보시고 난 다음 은수가 보여주는 태도를 관찰해 보시기 바랍니다. 아주 작은 변화도 중요합니다. 숙제를 하는 태도, 아빠의 부름에 답하는 목소리 등에서 전과 다른 변화가 느껴지신다면 저에게 알려주시기 바랍니다. 아주 작은 변화가 은수를 좋은 방향으로 이끌기 시작할 것입니다. 은수와 행복한 추억 많이 만드시기 바랍니다.

은수의 문제 행동의 직접적인 원인이 아빠의 폭력적 행동 때문인 것 같았지만 그보다 은수는 엄마에 대한 아쉬움과 바람을 더 많이 표현했다. 엄마가 아빠와 결혼한 게 못마땅하고 차라리 헤어지면 좋겠다고 말하기도 하지만, 그런 말을 하게 되는 가장 큰 원인은 일상에서 느끼는 슬픔, 외로움 그리고 자신의 부모는 변하지 않을 거라는 좌절감 때문이었다.

상담사의 위로가 잠시 기분 좋게 할 수는 있지만 근본적인 변화는 은수를 대하는 엄마의 작은 변화에서 시작되었다. 은수 엄마는 자신이 옛날에 자란 것처럼 여자 아이니까 혼자 밥 챙겨 먹는 일이 아이에게 힘든 일임을 몰랐다고 했다. 엄마는 이제 날마다 은수를 위한 간식을 준비해두고 출근한다. 은수는 간식을 먹으며 자발적으로 숙제를 하기 시작했다. 아빠를 설득해서 놀이공원에도 다녀왔다. 놀이공원에서 아빠와 딸은 이전에 볼 수 없었던 사이좋은 관계를 경험했다. 아빠의 손을 잡고 폴짝폴짝 뛰는 모습을 보며 엄마는 희망을 보았다고 말한다.

엄마가 일하는 곳에 양해를 구하고 한 달에 한번 정도 엄마가 일하는 걸 구경할 수 있도록 했다. 이런 변화를 거치며 은수는 훌쩍 성장했다. 거짓말은 더 이상 하지 않겠다고 결심했으며, 숙제와 공부도 스스로 챙길 수 있게 되었다. 아빠에 대한 미움과 원망이 아주 사라지지는 않았지만 아빠에게 말을 걸고 챙겨주는 일이 많아졌다. 은수의 문제 행동은 아빠의 폭력적 행동 때문만은 아니었다. 일상에서 엄마, 아빠가 자신을 사랑한다는 사실을 확인하고 안정감을 얻으니 문제 행동은 줄어들기 시작했다. 은수의 마음속 외로움과 좌절감이 사라지자 은수는 멋진 아이로 성장하기 시작했다.

소정이는 엄마가 자기 마음을 다 안다고 생각해요

소정이는 초등학교 1학년이다. 동생이 둘 있다. 학교에 입학하고 나니 학교에 안 가겠다고 떼를 쓴다. 겨우 학교에 데려다 주면 이젠 엄마가 가지 말고 문 밖에서 기다리라고 징징거린다. 아이가 울면서 매달리니 건물 앞에서 기다려준 날도 있다. 그랬더니 쉬는 시간마다 나와서 엄마가 기다리고 있는지 확인한다. 어떤 날은 담임선생님께 말씀도 드리지 않고 그냥 집으로 온 날도 있다.

소정이의 집착은 이유가 있다. 동생이 하나둘 태어날 때마다 할머니집에 보내졌고, 늘 싫다며 우는 아이를 어린이집에 억지로 떼어놓고 나왔다. 엄마는 육아에 치여 아이 마음을 다독여 줄 시간도 여유도 없었다. 얼마 전부터 소정이는 화가 나면 엄마를 때리기 시작했다.

〈소정이 어머니께 보내는 상담사의 편지〉

소정이가 엄마에게 보이는 모습이 많이 당혹스러울 것 같아요. 소정이는 가위바위보를 해도 지면 속상해합니다. 하지만 표현하지 못해요. 물어보았더니 진 것도 속상하지만 다시 하자는 말을 하지 못한 것이 더 속상하대요. 만일 몇 번 더 해도 계속 지면 어떻겠냐고 물었더니 그래도 그건 자신이 할 만큼 한 거니 져도 괜찮다고 말합니다.

그림책 주인공이 괴롭히는 친구에게 “하지마!”라는 말을 하지 못하는 모습을 보며 소영이가 대신 소리쳐 주자고 제안해도 소영이는 그 말을 내뱉지 못합니다. 진짜 하고 싶은 말을 하지 못하는 것이 소정이를 많이 힘들게 하고 있는 것 같습니다. 어린 아이가 이렇게 속마음을 말로 표현하기 어려운 이유는 기억하지 못하는 어린 시절의 경험과 연관이 있는 것 같습니다. 자신의 마음을 표현했을 때 오히려 더 혼이 났던 암묵적 기억이 현재 소정이의 마음을 사로잡고 있다고 보여지네요.

소정이와 상담실 구석진 곳을 ‘비밀실’이라 이름 붙이고 그곳에 들어가서 이야기를 나눕니다. 그곳에서는 소정이는 조금씩 진짜 자기 마음을 표현하기 시작합니다. “하지마!”라고 소리치는 것도 가능해졌습니다. 이런 연습을 하고 나면 서서히 진짜 속마음을 말로 표현하는 것이 가능해질 것 같습니다.

그런데 이런 말을 직접 하지 못하는 것은 평소 징징거리고 떼쓰는 것과 다른 차원임을 아는 게 중요합니다. 소중한 사람 앞에서 속상한 걸 속상하다고 말하고, 싫으면 싫다고 있는 그대로 표현하는 일, 도움이 필요할 때 도와달라고 말하는 일은 어른들도 쉬운 일이 아니지요. 그래서 아이 마음속의 핵심 감정과 생각을 알아차려 다시 아이에게 읽어주는 일이 중요하지요.

제가 상징적으로 아이와 하는 ‘두두두두 손청진기 놀이’가 소정이가 가장 좋아하는 의미 있는 활동이 된 것 같아요. 가슴에 청진기처럼 손을 대고 지금 무슨 마음이 꼭꼭 숨어 있는지 알아주는 방법입니다.

“불안이 숨어 있었네. 말하는 용기가 너무 구석에 있어서 찾기가 어려웠구나.”

그랬더니 요즘은 마음이 조금 불안해지거나 마음에 들지 않을 때면 빨리 두두두두 해달라고 요청합니다. 자신의 마음속에 어떤 감정과 생각이 들어있는지 깨닫고, 부정적인 것은 빼고, 긍정적인 걸 더 많이 찾고 싶어 합니다. 또한 저에게 더 좋은 걸 마음속에 넣어달라고 요구합니다.

"빨리 두두두두 해줘"라는 말은 그만큼 소정이가 안정감을 찾고 마음속 부정적인 것들을 해소하도록 도와달라는 신호가 되었습니다. 이런 상징적 활동이 소정이의 마음을 치유하는 데 큰 힘이 되고 있는 것 같아서 저도 안심이 됩니다. 신호를 강력하게 보내는 점, 그만큼 자신이 나아지기를 바라는 바람이 강하다는 점, 스스로 두두두두 하며 감정을 조절하려 애쓴다는 점들이 아마 앞으로 소정이를 많이 도와주게 될 거라 생각됩니다.

소정이가 엄마에 대해 오해하고 있는 게 있습니다. 소정이가 자신의 마음을 표현하지 않아도 엄마는 다 안다고 생각합니다. 그래서 자신이 속상할 때 엄마가 알면서도 모른 척한다고 오해하고 있습니다. 혼자 잘못된 추측을 하고 그걸 믿어버리니 어린 아이 마음이 많이 불안하겠지요. 그러니 엄마와 함께 있어도, 떨어져 있어도 늘 안절부절못한 모습을 보이는 것 같습니다.

아직은 엄마한테 자기 마음을 아는지 물어보는 건 어려워합니다. 말하지 않으면 엄마는 소정이 마음을 알 수가 없으니 말로 하자고 해보았지만 아직 말하는 건 어려워서 신호를 정하기로 했습니다. 소정이가 두 손을 깍지를 끼고 기도하듯이 가슴에 대는 걸 속상하다는 신호로 사용하기로 했지요. 소정이가 그런 행동을 보이면 빨리 다가가셔서 "우리 소정이 뭔가 속상하구나. 엄마한테 말해줄 수 있어?"라고 말 걸어 주세요. 아마 당분간은 이 신호와 엄마의 반응이 소정이에게 좋은 변화를 가져올 거라 생각합니다.

엄마가 먼저 아이 마음에 다가가면 아이는 마음의 문을 활짝 열고 성장하기 시작합니다. 늘 피곤하고 지친 일상이시겠지만 지금 너무 잘하고 계십니다. 고맙습니다. 소정이의 장점과 강점들이 잘 발현되고, 활짝 웃으며 당당하게 생활하게 될 때를 상상하시며 계속 힘내시기 바래요.

진짜 하고 싶은 말을 못해서 어린 마음이 어쩔 줄을 모르고 있었다. 엄마가 자신의 마음을 다 알면서도 모른 척한다며 엄마에 대한 원망과 미움으로 괴로워하고 있었다. 어린 아이가 사랑하는 엄마를 동시에 원망하고 있으니 그 감정들을 감당하기가 너무 힘겨웠을 것이다. 게다가 자신의 마음을 모른 척하는 엄마가 자신을 싫어한다고 생각하기도 한다.

자신이 할머니댁에 보내진 어릴 적 기억도 모두 생생하다. 그럴 수밖에 없었던 엄마의 상황을 이해하는 게 아이로선 힘들다. 엄마는 상황을 다 설명했지만 어린 아이는 버림받은 느낌으로 간직한다. 이런 느낌과 생각 때문에 더더욱 진짜 마음을 말하기가 어려웠다.

하지만 조금씩 자기 마음을 말로 표현하고, 말해도 안전하다는 걸 확인해 가면서 소정이는 밝아지기 시작했다. 아침에 학교 앞에서 엄마와 떨어지는 게 아직 시간이 좀 걸리긴 하지만 그래도 학교생활을 잘하고 있다. 소정이가 신호를 보낼 때마다 엄마는 빨리 소정이에게 다가가 마음을 읽어 주었다. 이런 경험이 엄마가 자신을 싫어하는 게 아니라는 사실을 확인하게 해주었고 다시 엄마에 대한 믿음을 쌓기 시작했다. 마음속 불안이 해결되니 소정이는 씩씩하고 밝은 원래의 모습을 보여주기 시작했다. 소정이는 친구들과도 골목대장같이 잘 놀기 시작했다.

아이가 정말 무서워하는 것들

아이들이 정말 말하고 싶은 것은 무엇일까? 아이들의 마음이 궁금하면 《절대 보지 마세요! 절대 듣지 마세요!》를 읽어보자. 이 책은 작가 변선진 양의 금산 간디학교 졸업 작품이다. 어린 작가는 모든 아이들이 어른들에게 진짜로 하고 싶은 말을 단 하나의 작품으로 남기고 병으로 세상을 떠났다.

내가 정말로 무서워하는 건, 상상만 해도 가슴속에 눈물이 가득 차는 건 따로 있어.
앞에서 춤을 추고 노래를 부르고 데굴데굴 굴러도 아무 표정도 없는 삼촌
엄마도 아빠도 모두 바빠 텔레비전만 봐야 했던 나의 생일날
이야기하고 이야기하고 이야기해도 아무도 내 말을 믿어주지 않던 날
엄마, 아빠가 크게 싸우던 밤 온 집에 울려 퍼졌던 아빠의 고함소리

정말 어른들은 아무것도 몰라.

내 마음은 알지도 못한 채 이렇게 또 초콜릿만 주고 있잖아.

있는 대로 울음을 터뜨리는 아이의 그림이 지금 우리 아이들이 엄마에게 무슨 말을 하는지 알려준다. 우리 아이들은 엄마의 손길을 기다린다. 엄마의 따뜻한 눈길을 기다린다. 엄마가 내 마음을 어루만져주길 기다린다. 엄마가 되기 전에 이런 걸 다 알았더라면 얼마나 좋았을까!

epilogue

내가 엄마를 사랑하는 이유

"엄마, 엄마는 왜 이렇게 우리한테 잘해주세요?"

"외할머니가 그러셨어. 사랑은 내리사랑이라고. 고마우면 너도 네 자식한테 잘해 줘. 엄마한테 해줄 생각 말고."

'그런 거구나. 그런 게 엄마구나. 자신이 받은 사랑을 자식에게 전해주는 게 엄마구나!'

엄마의 말은 엄마의 엄마, 그 엄마의 엄마로부터 시작되어 대를 이어오는 경건하고 성스러운 엄마 역할을 느끼게 해주었다. 적어도 어린 마음엔 그런 느낌이었다. 외할머니는 어떻게 엄마에게 그런 말씀을 전해줄 수 있었을까? 엄마가 그런 외할머니의 딸인 게 감사하고, 내가 그런 엄마의 딸인 게 또 감사했다.

'내리사랑'이라는 말을 가슴에 담게 된 것도 그때부터였다. 내가 아이를 사랑하고 키우는 일이 단순히 내 자식을 키우는 일이 아니라 더 크고 숭고한 의미가 있다는 느낌을 갖게 해주었다.

엄마는 외할머니를 무척 사랑하셨다. 내가 어릴 때 돌아가신 나의 외할머니의 모습은 고고하고 아름다우셨다. 종종 엄마가 외할머니를 '정경부인' 같다는 말로 표현해서인지 지금까지도 내 마음속에 그런 모습으로 남아있다.

어린 시절 외할머니가 우리 집에 오시면 한복치마 속곳 주머니에서 삶은 고구마를 조심스레 꺼내어 손에 쥐어 주셨다. 가난한 삶이었기에 거기서 다른 게 나오지는 않았지만 그 고구마는 늘 유난히 맛있게 느껴졌다. 가녀린 발걸음에 무거운 고구마가 걸리적거렸을 텐데도 조심스레 담아 오신 그 정성을 어린 마음에도 쉽게 알아차릴 수 있었기 때문이었다. 고구마를 꺼내자마자 덥석 받아 입에 무는 어린 손녀의 모습을 보며 미소 짓던 모습이 기억난다.

엄마의 말씀은 내가 자라는 내내 '대를 이어 내려오는 엄마 역할'의 의미를 생각하게 했다. 그래서 내가 힘들어도 아이에게 하는 모든 것들에 대해 억울한 마음은 들지 않았다. 혹시 아이가 서운하게 할 때조차도 '내가 너한테 어떻게 했는데'라는 원망감은 들지 않았다. 반대로 '나도 엄마를 이렇게 서운하게 했겠구나!' 하는 생각이 더 많이 떠오른다.

난 아직 내가 나의 엄마한테 질문한 말을 아이로부터 들어보진 못했다. 아마 아이들에겐 부족한 엄마였나 보다. 내가 봐도 나의 엄마만큼은 절대 못했다.

나는 엄마를 사랑한다. 이유는 간단하다. 나에게 좋은 엄마가 많이 되어 주셨기 때문이다. 자식은 참 이기적이다. 내가 좋은 엄마라 생각하는 가장 큰 이유는 받은 게 많기 때문이라는 걸 잘 안다.

엄마의 환영식은 참 떠들썩했다. 문소리가 나면 언제나 현관까지 달려 나와 반갑게 맞이해 주셨다. 대학시절엔 기차 타고 집으로 내려가면 늘 아버지와 함께 기차역에서 맞이해 주셨다. 기차역에서 두 분의 얼굴을 찾는 기쁨은 집으로 가는 기쁨을 2배로 느끼게 해주었다. 결혼하고 나서도 한참 동안 그러셨다. 나이 들어 두 다리가 불편해지면서 더 이상 기차역에 나오지 못하게 되자 그렇게 안타까워할 수가 없었다. 엄마가 안타까워하시는 모습을 보며 유난스럽다고 타박하면서도 나는 엄마의 사랑을 느끼며 만족스럽다. 나를 환영해준다는 의미가 이렇게 엄마를 사랑하는 조건이 될 줄은 몰랐다.

엄마가 자식에게 건강한 음식을 챙겨 먹이는 일은 대한민국에서 최고 수준이라 말할 수 있다. 유기농에 대한 사회적 관심이 별로 없을 때부터도 엄마는 건강한 음식에 대해 강조하셨다. 팔순이 넘은 지금도 옥상텃밭에서 키운 유기농 채소를 택배로 보내주신다. 다리도 불편하고 손목관절도 거의 부러지기 직전이지만 살살 한다면서 끊임없이 일하신다. 돈으로 따지면 얼마 되지 않지만 건강한 음식을 먹이고 싶은 엄마의 마음은 절대 늙지 않는다. 나는 이렇게 받는 게 많아서 엄마를 더 사랑하는 것 같다.

엄마를 사랑하고 싶은 아이들

가끔 엄마를 원망하는 아이들을 만난다. 어떤 중학생 아이가 상담에서 한 말이 생각난다. 외롭고 슬프다고 느낄 때가 언제냐고 물었더니 엄마가 오빠를 맞이할 때라고 말한다. 자신이 학교에 다녀오면 그냥 시큰둥하던 엄마가, 오빠가 집에 돌아오면 마치 이산가족 상봉하듯이 맞이한다고 한다. 하루 이틀도 아니고 아이가 자라는 동안 내내 그런 느낌이었다면 아이는 충분히 외롭고 슬프고 자기 존재에 대한 의문을 가질 수밖에 없었을 것 같다. 그런 느낌이 든다면 아이는 엄마를 사랑하기가 어렵겠다는 생각도 든다.

엄마는 그런 사실을 깨닫고 있을까? 엄마에게 물어보니 자신은 전혀 몰랐다고 한다. 아이에게도 반갑게 맞이하고 싶지만 아이가 까다로워서, 그런 모습을 싫어하는 것 같아서 안하게 된 거라 말한다. 서로 사랑하지만 사랑하는 마음이 만나지 못한 것이다. 엄마가 아이에게 주는 내리사랑은 조건이 없지만, 아이가 엄마를 사랑하는 치사랑은 조건이 있는 것 같다. 자신을 사랑한다는 증거를 찾을 때 아이는 엄마를 좋다고 말한다. 그렇다고 그들이 엄마를 사랑하지 않는 건 아니다. 사랑하지만 원망스럽기에 더 괴롭다.

"엄마 사랑해"와 "엄마 미워" 사이를 오가며 아이들은 마음속에 엄마를 간직한다. 우리 아이에게 나는 어떤 엄마로 통합되고 있을까? '좋은 엄마'와 '나쁜 엄마', 우리 엄마를 정의할 때 어느 쪽으로 더 기울어지는지 생각해 본다.

나의 경우 우리 엄마는 좋은 엄마다. 아주 많이 좋은 엄마다. 그렇다고 엄마가 나쁘게 느껴질 때가 없다는 말이 아니다. 좋은 엄마가 있기에 나쁜 엄마는 충분히 받아들일 여유가 생겼다는 의미이다.

우리 아이에게 나는 어떤 엄마가 더 크게 느껴질까? 아이에게 잘못할 때가 더 많았다는 것을 알지만 부디 제발 그럼에도 불구하고 '좋은 엄마'쪽으로 자리잡으면 좋겠다. 아이들이 커서 배우자를 만나고 다시 아이를 키우게 되더라도 '나는 엄마를 사랑한다'는 말을 할 수 있었으면 좋겠다. 그런 엄마로 남기를 바란다. 엄마를 사랑하고 싶은 아이의 마음을 담은 글을 소개한다. 아이들이 세상의 모든 엄마에게 하고 싶은 말인 것 같다.

〈내가 만일 엄마라면〉

- 초등학교 5학년 이민영

엄마, 책에는 좋은 엄마 되는 법이 있나요?

아니, 없는 것 같은데.

그럼 내가 가르쳐 줄게요.

그래 한번 들어볼게.

내가 만일 엄마라면

나는 우리 딸을 자유롭게 놔둘 거예요.

갈매기처럼 넓은 세상을 보기 위해서요.

너무 멀리 가면 어떡하지?

그때는 제가 'STOP!'이라고 외칠 거예요.

내가 만일 엄마라면

나는 딸에게 의자만큼 큰 곰돌이를 줄 거예요.

내가 없을 때 외로워서 울고 있으면 안 되니까요.

그래도 울고 있으면?

괜찮아요. 우리 딸은 씩씩해서 안 울어요.

내가 만일 엄마라면

친구들과 파자마파티를 열어줄 거예요.

친구들과의 생활을 매우 즐겁게 만들고 싶으니까요.

친구가 없으면?

우리 딸은 친구 만들기를 매우 잘해요. 그래서 걱정할 필요 없어요.

내가 만일 엄마라면

우리 딸의 고민상담사가 될 거예요.

고민이 많으면 마음이 아프잖아요.

고민을 안 털어 놓으면?

그러면 고민을 털어놓을 때까지 기다릴 거예요.

좋은 엄마 되기 연습

초판 1쇄 펴낸 날 | 2016년 5월 30일

지은이 | 이임숙
펴낸이 | 이금석
기획 · 편집 | 박수진
조판 | 강한나
내지 디자인 | 김경미
마케팅 | 곽순식
경영 지원 | 현란
펴낸 곳 | 도서출판 무한
등록일 | 1993년 4월 2일
등록번호 | 제3-468호
주소 | 서울 마포구 서교동 469-19
전화 | 02)322-6144
팩스 | 02)325-6143
홈페이지 | www.muhan-book.co.kr
e-mail | muhanbook7@naver.com
가격 13,500원
ISBN 978-89-5601-337-4 (03590)